中国水产学会主编 水产健康养殖新技术丛书

泥鳅养殖致富新技术与实例

王太新 编著

海洋出版社

2009年·北京

图书在版编目(CIP)数据

泥鳅养殖致富新技术与实例 / 王太新编著. —北京:海洋
出版社,2009.8(2012.1 重印)
(水产健康养殖新技术丛书)
ISBN 978-7-5027-7537- 7

Ⅰ.泥… Ⅱ.王… Ⅲ.鳅科 – 淡水养殖 – 无污染技术
Ⅳ.S966.4

中国版本图书馆 CIP 数据核字(2009)第 144214 号

责任编辑:郑 珂
责任印制:刘志恒

海洋出版社 出版发行

http://www.oceanpress.com.cn
北京市海淀区大慧寺路 8 号 邮编:100081
北京画中画印刷有限公司印刷 新华书店发行所经销
2009 年 8 月第 1 版 2012 年 1 月第 4 次印刷
开本:850mm×1168mm 1/32 印张:7.5
字数:130 千字 定价:15.00 元
发行部:62132549 邮购部:68038093 总编室:62114335
海洋版图书印、装错误可随时退换

彩照1. 大鳞副泥鳅

彩照2. 真泥鳅(青鳅)

彩照3. 轩兴军
的池塘围网养鳅

彩照4. 肖俊杰的网箱养泥鳅

彩照5. 秦丙杨的水泥池养鳅

彩照6. 稻田养泥鳅

彩照7. 泥鳅加温繁殖大棚

彩照8. 批量注射催产

彩照9. 催产后在网箱集中交配产卵的种鳅

彩照10. 刚孵
化几天的泥鳅苗

彩照11. 充氧
待运的泥鳅水花苗

彩照12. 用土池
培育泥鳅苗

彩照13. 大规格泥鳅苗转池

彩照14. 围网养鳅池塘拉网捕捞泥鳅

彩照15. 水泥池养殖泥鳅的捕捞

彩照16. 用地笼捕泥鳅

彩照17. 装箱待运的泥鳅

彩照18. 泥鳅催产后直接在水泥池交配产卵

彩照19. 患水霉病的泥鳅

彩照20. 患红鳍病的泥鳅

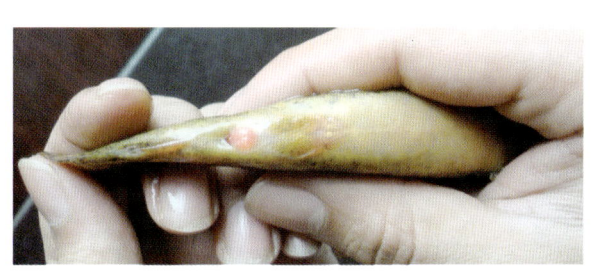

彩照21. 患肠炎病的泥鳅

彩照22. 使用放大镜头可以看见患病鳅苗的气泡

彩照23. 患打印病的泥鳅

彩照24. 患赤皮病的泥鳅

彩照25. 患白尾病的泥鳅

水产养殖系列丛书编委会

总　序

　　渔业是我国大农业的重要组成部分。我国的水产养殖自改革开放至今获得空前发展，已经成为世界第一养殖大国和大农业经济发展中的重要增长点。进入21世纪以来，我国的水产养殖仍然保持着强劲的发展态势，为繁荣农村经济、扩大就业人口、提高人民生活质量和解决"三农"问题做出了突出贡献，同时也为我国海、淡水渔业资源的可持续利用和保障"粮食安全"发挥了重要作用。

　　近年来，我国水产养殖科研成果卓著，理论与技术水平同步提高，对水产养殖技术进步和产业发展提供了有力支撑。但是，在水产养殖业迅速发展的同时，也带来了诸如病害流行、种质退化、水域污染和养殖效益下降、产品质量安全令人堪忧等一系列新问题，加之国际水产品贸易市场不断传来技术壁垒的冲击，而使我国水产养殖业的持续发展面临空前挑战。

　　科学技术是第一生产力。为了推动产业发展、渔农民增收致富，就必须普及推广新的科技成果，引进、消化、吸收国外先进技术经验，以利于产前、产中、产后科技水平的不断提升。农业科技图书的出版承载着普及农业科技知识、促进成果转化为生产力的社会责任。它是渔农民的良师益友，既可指导养殖业者解决生产中的实际问题，也可为广大消费者提供健康养殖的基础知识，以利于加强生产者与消费者之间的沟通与理解。为此，中国水产学会和海洋出版社联合组织了国内本领域的知名专家和具有丰富实践经验的生产一线技术人员编写这套水产养殖系列丛书，供广大专业读者参考。

　　本系列丛书有两大特点：其一，是具有明显的时代感。针对广大养殖业者的需求，解决当前生产中出现的难题，介绍前景看好的养殖新品种和现有主导品种的健康养殖新技术，以利于提升整个产业水平；其二，是具有前瞻性。着力向业界人士宣传以科学发展观为指导，提高"质量安全"和"加快经济增长方式转变"的新理念、新技术和新模式，推进工业化、标准化生产管理，同时为配合现代农业建设的大方向，普及陆基封闭式循环水养殖、海基设施渔业、人工渔礁、放牧式养殖等模式，全力推进我国现代化养殖渔业的建设。

　　本系列丛书包括介绍主养品种、新品种的生物学和生态学特点、人工繁殖、苗种培育、养殖管理、营养与饲料、水质调控、病害防治、养殖系统工程以及加工运输等方面的内容。出版社力求把握丛书的科学性、实用性和可操作性，本着让渔农民业者"看得懂、用得上、留得住"的出版宗旨，采用图文并茂的形式，文句深入浅出，通俗易懂，有些技术工艺还增加了操作实例，以便业界朋友轻松阅读和理解。

　　水产养殖系列丛书的出版是水产养殖业者的福音，我们希望它能够成为广大业者的知心朋友和科技致富的好帮手。

　　谨此衷心祝贺水产养殖系列丛书隆重出版。

中国工程院院士

中国水产科学研究院黄海水产研究所研究员

2008年10月

丛书序

渔业是我国大农业的重要组成部分，在我国具有悠久的历史和鲜明的特色，为人们提供了大量的优质动物蛋白，为解决"三农"问题、为改善人民的生活、为促进经济发展做出了重要贡献。

我国2006年水产品总产量达5 290万吨，并连续多年居大宗农产品出口首位。我国水产养殖生产已保持多年快速增长，2006年的产量已达3 594万吨，占世界水产养殖总产量的2/3以上，并成为世界上唯一水产养殖产量超过捕捞产量的国家。然而，我国水产养殖业在快速发展的同时，一些发展中存在的问题也逐渐显现出来，如养殖病害流行、优质品种缺乏、水质污染严重、养殖效益不高、产品安全堪忧等。要实现水产养殖业的可持续发展必须走健康养殖之路。

水产健康养殖是20世纪90年代中期，国际上针对水产养殖业的可持续发展问题，在总结传统养殖技术和经验，分析现代生物和环境工程技术在水产养殖中应用的基础上提出的一种新概念。健康养殖所采用的技术是手段，生产质优量多的产品是目的，维持优良的环境是保障。健康养殖在技术上要求所用技术的先进性和合理性，如选用优良品种、优质苗种和优质饲料，合理用药，等等。在产品上要求以质优体现其经济效果，以量多体现养殖系统的生产效率，以产品安全体现合理用药、良好环境等的效果。在环境上要求无公害（如零排污或微排污），着眼于产业的可持续发展。

为向农民朋友普及健康养殖知识、推介健康养殖新技术，中国水产学会和海洋出版社经认真调研，精心策划了这套《水产健康养殖新技术丛书》。本着让农民朋友"看得懂、用得上、留得住"的出版宗旨，编写本套丛书的专家都来自生产一线，具有丰富的实践经验。本丛书语言通俗易懂，集科学性、技术性、实用性于一身，对广大农民朋友提高养殖技术和安全意识、促进水产养殖增产和增收、保障水产养殖业可持续发展具有十分重要的意义。

本丛书是《"十一五"国家重点图书出版规划》图书，出版社选取了养殖前景看好、国家正大力推广的新品种或养殖技术上有突破的优良品种，重点介绍这些养殖品种的生物学特性和健康养殖理念指导下的苗种培育技术、养成技术、病害防治技术、营养与投饲技术，以及加工运输等方面的内容。期望本系列丛书能切实为我国广大养殖业者提供帮助，助其实现致富梦。

谨祝本套丛书成功出版！

中国海洋大学教授

中国水产学会副理事长

2007年12月23日

前　言

我是一名普通的泥鳅养殖者，初次开展泥鳅养殖是在1995年前后，我们在收购黄鳝用于养殖时，经常会同时收购到一部分泥鳅。当时泥鳅的市场价格较低，一般每千克价格在5元以下，但野生泥鳅逐年减少的现实和比较可观的季节差价还是引起了我们的兴趣。我们留下了部分泥鳅放入水泥池中进行试养，并参考一些图书资料上提供的养殖方法进行投喂，试养的效果并不理想：泥鳅的成活率仅在50%左右，养殖到冬季出售虽然价格翻了一倍以上，但泥鳅的重量却基本没有增长，几个月下来也就是一个保本。

1998年前后，湖北武汉很多单位都在推广一种叫做"巨龙泥鳅"的"良种"。很多宣传资料都众口一词地宣称：该品种是由日本引进，每尾雌泥鳅一次产卵在7 000粒以上，繁殖5~6个月每尾体重可在200克以上，最大的可达300克。怀着对新品种的盲目相信，我们选择了几家单位进行考察，结果让我们非常失望：这些所谓的推广单位尽管牌子非常大，但根本没有繁殖基地，所提供的泥鳅苗非常混杂（什么品种都有，基本可以断定是从市场场上筛选的野生小泥鳅），不交钱就不让看场地，交了几百元的"定金"后也就是看到一个什么都没有的水塘。考察的结果让我们的泥鳅养殖梦想再次破灭。

2004年当我们在杂志上看到江苏连云港一些养殖户开展规模化泥鳅养殖获得了亩效益2万元的消息后，我们立即前往考察。连云港的大规模泥鳅养殖让我们看到了泥鳅养殖的希望，简易的池塘围网养殖泥鳅方式和巨大的出口市场让我们对泥鳅养殖的可喜前景充满憧憬。通过反复的考察学习，我们把这一先进的养殖模式引进到了四川，并陆续开展养殖尝试。

通过两年的养殖实践，我们发现这种养殖经营模式的实际养殖利润很低（投苗量大，增重少，苗种和饲料成本高），多半的养殖利润实际来源于季节差价。随着养殖户的增多，季节差价的缩小，养殖户的养殖效益会很快降低。在四川等地区，由于鳅苗多数来源于电捕等捕捉方式，其养殖成活率通常只有50%左右，比江苏笼捕苗成活率（80%左右）低很多。要实现较高效益的泥鳅养殖就必须解决好苗种的问题。

在有关专家的指导下，我们通过反复的尝试，解决了鳅苗的人工繁殖和快速培育方法中的问题，成功实现了泥鳅的自繁自养。采用国内生长较快的大鳞副泥鳅品种，成功实现了当年繁殖当年养殖上市，2008年试养的一批自繁泥鳅，到年底达到了平均条重20克的好效果。

泥鳅苗种的成功繁育解决了人工养殖泥鳅的"收苗难"问题，为顺利实现高效益养殖铺平了道路。我们成功繁育泥鳅苗的消息通过网络等媒体宣传之后，吸引了全国各地大批泥鳅养殖爱好者前往参观、学习。

为了快速带动各地开展高效益的泥鳅养殖，我们特将自己开展泥鳅养殖和繁殖所取得的一些经验通过本书详细地介绍给大家。如果您在养殖应用过程中遇到有不清楚的地方，可以直接拨打我们的技术咨询电话，我们将尽量给大家提供满意的解答。如果有通过咨询仍然不能解决的问题，我们也欢迎大家随时光临我们的养殖基地进行实地参观、学习。

本书在编写过程中，承蒙大众养殖公司水产技术员米波、唐思军提供相关的实践数据，在此一并致谢！

编著者

2009年4月于四川简阳

目　次

第一章
池塘围网养殖泥鳅实例

2002年元月，韩国客商曹炯武投资192万美元成立明均食品有限公司，在江苏省赣榆县墩尚镇开展泥鳅养殖，现已发展至1 000亩^①规模，拥有资产总额3 000万元。该公司的进入不仅为当地泥鳅出口到韩国铺平了道路，还把韩国的池塘围网养殖泥鳅模式带入我国。在明均公司的带动下，现全镇池塘围网养殖泥鳅面积已经发展到1.6万亩，相关从业人员有11 250人，在全国10多家泥鳅加工、出口龙头企业中，赣榆县墩尚镇就占了9家，泥鳅出口量占全国出口量的九成以上，养殖户取得了亩均效益2万元，人均增收7 000多元的好效益。

池塘围网养殖泥鳅把我国的泥鳅养殖首次带上了规模化、产业化的道路。墩尚镇也因此成了全国闻名的"泥鳅之乡"。几年来通过大众养殖公司等技术培训单位的传播，泥鳅池塘围网

---

① 亩为非法定计量单位，1亩≈666.7平方米，1公顷=15亩，以下同。

养殖模式目前已经遍及全国各个有泥鳅出产的省（直辖市、自治区）。

第一节 池塘围网养殖泥鳅的具体方法

为了帮助大家具体了解池塘围网养殖泥鳅的技术方法，我们仅以赣榆县墩尚镇演二村泥鳅养殖户轩兴军为例，给大家讲授开展池塘围网养殖泥鳅的各个步骤。

轩兴军是墩尚镇的小学教师，但其业余养殖泥鳅的经历已有多年。2007年轩老师共养殖泥鳅8亩（4个2亩的池塘），获纯利润近20万元。轩老师以租用2亩稻田开展围网养殖泥鳅为例，给我们详细地算了一笔经济账：① 把2亩稻田改建成养鳅池塘（主要是加高四周田埂）花费500元；② 打一口井花费700元；③ 四周围购买网布和竹竿花费600元；④ 安装输电线和电器及修建看守鱼池的简易小屋1 000元；⑤ 购买水泵和进排水管花了400元；⑥ 一个养殖季节的电费（主要是抽水用电）为300元；⑦ 疾病预防药物费花了200元；⑧ 付土地租金1 000元；⑨ 购买泥鳅苗2 000千克，每千克12元，共花费24 000元；⑩ 购买饲料6吨，每吨3 000元，共花费18 000元。以上为开展2亩池塘养殖泥鳅的全部开支，共计46 700元。通过5个月左右的养殖，泥鳅的增重一般在1倍左右，按1倍增重计算，便可以出产泥鳅4 000千克。冬季泥鳅的销售价格一般在24元/千克左右，可以收入96 000元，纯利润达到49 300元，亩效益为2.4万多元。实际上，上面前6项开支为第一年的投资，这些设施一般都可以使用3年以上，若第二年继续养，就没有这些开支了。由于当地用于养殖的泥鳅苗大多来自于东北 (主要是辽宁) 的野生泥鳅，规格较大 (一般10克/尾左右)，故增重空间有限。因投苗大小差异，当地养殖户通过5个月左右养殖，泥鳅的增重倍数一般在0.5~1.5倍之间，亩效益一般在1万~3万元。由此可见，开展池塘围网养殖泥鳅确实具有可观的经济效益。

一、泥鳅池的建造

1.泥鳅池的选址

（1）交通　交通对于泥鳅的养殖起着比较重要的作用。在交通方便的地方，进苗、购买饲料、出售泥鳅等都很便利，不受季节、天气的影响。

（2）用电　泥鳅池一般要选在电压较为稳定的地方，这对养殖过程中换水的快慢有着至关重要的作用。我国各地农村大多已经进行农网改造，但也还有一些地区由于变压器容量小、线路老化等原因，在用电高峰无法启动水泵抽水，这很容易给泥鳅养殖带来安全隐患，所以初次养鳅的朋友在选择养殖场地时一定要引起重视。

(3) 水源　水源是否充足决定着泥鳅养殖密度的高低，因此泥鳅池一般都建造在离江河、湖泊较近的地方，但是水源一定不能受到较重的污染 (能够适合鱼类生存)。如果当地有着较为丰富的地下水，也可以用井水养殖，效果几乎是一样的。

(4) 土质　土质以黑土、黄土等较黏的土质为好，沙土保水性能差，最好不要选用。

(5) 地势　地势要稍高，排水方便，而且在夏季洪水季节要保证不被淹没。

2.泥鳅塘的建造

(1) 时间　北方地区建造泥鳅塘一般在冬季建造比较合适，冬季建造的泥鳅塘经过整个冬天的冰冻，土质慢慢疏松，在第二年养殖过程中对保水有较大的作用，当然其他季节也可以，只是要注意渗水的问题。

(2) 开挖　在原来田埂较为矮小的稻田或者是在平地新建养鳅池塘，有条件的可以采用小型的推土机或挖掘机开挖池塘。在开挖之前，最好能用旋耕机把地耙一遍，然后再开挖，这样，泥土松软，对保水同样有利。对于稻田田埂已经比较牢实的，也可以采用人工将田埂适当加高加宽即可。

(3) 池的深度　建成后的泥鳅池深度一般保持在1米左右就可以了，没有必要太深，太深了，开挖的费用也较高。

(4) 埂（坝）宽度及防渗漏处理　一般保持在1~2米即可(具体根据当地土质确定)，只要能够蓄水在70厘米左右且渗水较慢即可。部分稻田有野生龙虾打洞，容易导致田埂漏水。有的地区土壤含沙较多，防渗效果不佳。对于这样的稻田，可以在埂边覆盖土工膜，以防止出现塘水渗漏。一般每平方米130克规格的土工膜价格大约为3元，处理1条100米长的田埂大约需要花费600元，但一般可以使用3年。如果有条件，能将田埂用砖或混凝土进行防渗漏处理当然更好，只是这样一次性的投入就要大一些。

(5) 池塘的大小　养鳅池塘一般以长70~120米，宽8~15米，面积1~3亩为宜。如果宽度过宽，投料等管理不是很方便；如果长度过长，换水很难达到比较彻底。池塘当然也不要太小，那样管理起来也有些麻烦。

3.相关材料的准备

(1) 竹竿和铁丝　竹竿一般买6米长左右的即可，每根竹竿截成4节，每节1.5米，最上面的一节因为较细，所以不能用，其余3节可以用。在养殖泥鳅池每3~5米就要用到一节竹竿，这样，就可以算出竹竿的购买量。支撑网布用水泥棒也可以，一般6~10米用一根水泥棒。可以向预制构件厂定购水泥棒，长度大约为1.5米（就是很多葡萄种植户用于搭架的那种）。此外还要准备适量的细钢丝绳或铁丝，其长度能够绕稻田1周即可，用于把每根竹竿或水泥棒连接起来，便于固定网布的一侧。

（2）网布　网布主要用于防止泥鳅在田埂四周打洞和外逃。为了保证网布的使用寿命和确保泥鳅不外逃，购买网布一定要选择质量较好的聚乙烯网布，网目的大小应根据所放的泥鳅苗而定（一般10~20目的网布均可）。质量较好的网布在日晒雨淋的露天场地可以使用3年以上，但质量差的网布有的不到1年就老化变脆，容易造成养殖的泥鳅逃逸。网布的宽度（高度）以1.5米左右为宜。由于池水的深度可能在70厘米左右，加上泥下要埋入约50厘米，所以绝不能使用宽度仅为1.2米的网布代替。网布的长度视泥鳅池的周长而定。一般情况下若泥鳅池的周长为100米，购买布网时最好多买几米，因为网布在埋设时不一定能够做到完全拉直，这样就有可能增加网布的用量。

4.相关设施的设置

（1）埋网　在放苗前1个月，就要把网埋在池塘里，埋网是一个非常关键的环节，直接关系到养殖泥鳅的成与败，可以说，它与泥鳅的养殖同样重要，埋得不好，会造成泥鳅大量逃跑。埋网要注意以下几个方面。

①埋网之前，池塘中不能有水，如果有水，网就埋不结实，但也不能太干，若太干，硬泥块在填埋时容易把网布戳破。

②埋网沟要用人工挖，所挖的泥土不能放在池塘埂上，要放在池子中，以方便埋网时的回填。埋网沟要在距离池埂底部20厘米左右的地方开挖，如果距离池埂太近，在养殖过程中由于雨水的冲刷，埂上的泥土难免不出现塌陷，这些塌陷的泥土容易把围泥压垮，造成泥鳅逃跑。埋网沟的深度一般以30厘米为宜，这主要是根据泥鳅的好动性设计的，如果埋得太浅，泥鳅容易把埋网的泥扫开，造成泥鳅从网底逃跑；埋得太深，上面的防逃高度就很难保证。在挖到池子四个角的时候，要把沟挖成弧形的而不能顺池埂挖成直角，以免在四角埋网时出现皱褶。

③埋网沟挖好后，要立即进行埋网，以免泥土变干不利于填埋。网布与池底形成一个"⌐"形，这样能有效地预防泥鳅逃跑。埋网时，一定要把网拉紧拉直，千万不要让网起皱打兜，否则在养殖过程中，泥鳅容易在皱褶处聚集，时间长了容易把网"拱"破。

(2) 打桩　网捕埋好后，应在网布靠池埂一侧打桩（使用竹竿、杂木棒、水泥棒均可）。若使用竹竿或木棒的，可以将其一端削尖，然后使用锤子将其打入泥内即可（打入泥内的长度约为30厘米），每隔3~5米打1个桩；若是使用水泥棒作为支撑的，可以在网外每隔6~10米用铲或锄挖1个坑（坑深为30厘米左右），然后放入水泥棒并回填踏实。无论使用哪种材料打桩，都应尽量保证每根桩达到直立，以确保网布能够绷直。

（3）拉线及绷网　桩打好后，应使用铁丝或细钢丝绳（铁丝或细钢丝绳的直径为3~5毫米即可）从桩的中上部将每个桩连接起来。铁丝或钢丝绳的高度以略高于网布为宜。连接线拉好并固定到每个桩上后，应将网布的一侧使用细铁丝或尼龙线捆扎到拉线上（每50厘米左右捆扎一下）。捆扎的时候应注意：部分地方网布边缘离铁丝的距离稍大，只要略微拉紧即可，不要把网布硬拉到拉线上，以免把网布撕破。捆扎好网布后，池塘围网的主要工作也就算基本完成了。

（4）安装进排水管　泥鳅池塘的排水管道一般由1个弯头和2节排水管组成。排水管道的大小一般为100~160毫米，一节排水管的长度大约是池塘埂的宽度，挖开塘埂把其埋在略低于池塘底部的位置，在埋好管道的池内一端套上一个同规格的弯头，并用胶水粘好固定，使弯头口向上。在弯头口再插上一段长度约为70厘米的同规格水管（不用抹胶），这样泥鳅池塘的排水管道就算安装完成。以后在养殖中，若池塘需要排水，把池塘内弯头上的那节水管抽掉即可。下雨或往池塘加水时，若池塘水位高于池塘内的水管，池塘水便可以通过排水管道流出，完全不必要担心池塘水满漫塘引起泥鳅逃跑。为了增大池塘围网的安全系数，防止万一出现网布破口造成泥鳅逃跑，也可以在排水管处再用小块网布进行围拦，这样即使有个别泥鳅侥幸逃出围网，也不可能逃跑到池塘外。养殖者在平时管理中，若发现有逃跑到围网外的泥鳅，可以使用捞网等将其捞起放回到围网中。

由于泥鳅喜欢在进水口附近蹿跳，所以我们在安置池塘的进水管时，应让水冲到离池边围网1米以上的位置，以免泥鳅在网布边聚集蹿跳造成头部擦伤。有的养殖户在出水管的下面放置了一小块木板，使抽水入塘时水花四溅，既增加了池水的溶氧，又可以有效地防止泥鳅在抽水时过度聚集，这一做法值得大家借鉴。

(5) 其他附属设施　①打井：如果泥鳅池塘附近没有可靠的水源，则应考虑在塘边打井。在平原地区地下水一般都比较丰富，用直径40厘米左右的水泥管往下打几米即可有比较丰富的水源，放入水泵就可以连续不断地抽水，而且花费一般也就几百元。对于山区、丘陵地区，若要依靠井水，则应该是先打井，再建塘，以免池塘建好了打的井却没有多少出水量，使泥鳅养殖无法正常开展。②建鱼棚：鱼棚的作用主要是供看守的人住宿和存放养殖的饲料等物品和养殖用具，一般可搭一个几平方米的简易棚即可。由于养殖泥鳅的投入比较大，在塘边搭建鱼棚并派认真负责的人进行日夜看守也是非常必要的。③塘埂的平整：由于开展泥鳅的养殖管理需要经常在塘埂上行走，因此对于新做的塘埂或新加高的塘埂，最好稍加平整，以方便管理人员行走。

以上设施准备完成以后，围网养殖泥鳅的池塘也就完成了。将池塘注满水（池水深度为50~60厘米），浸泡7天以上（主要是让网布泡软并着生浮游生物，使其光滑避免擦伤鳅体）就可以投放泥鳅入池开始养殖了。

二、放苗

1.放苗时间的选择

放苗时间一般选择在当地水稻栽插后（或小麦收割后）至水稻收割前这段时间，因为这段时间的气温、水温都比较稳定，泥鳅在此时放苗死亡率最低。如果在春季过早放苗，由于水温不够稳定等原因，死亡率可能在40%~50%，此时放苗有比较大的风险。在国庆节以后也尽量不要放苗，此时水温比较低，泥鳅的食量较小，通过转运后的泥鳅很难有一个强壮的身体越冬。夏季高温天气放苗后，应尽可能地往池中注入井水或深层的河水、湖水，让养殖池中的水温控制在26~30℃，泥鳅的成活率也比较高。放苗应尽量选择在晴天，阴雨天投放泥鳅苗，泥鳅入塘后容易生病，对泥鳅的成活率有一定的影响。

2.鳅苗的选择及运输

目前绝大多数的泥鳅养殖户养殖的泥鳅苗都是收购的野生泥鳅。野生泥鳅的种类很多，不过主要的有两种：一种是扁鳅

(黄板鳅、大鳞副泥鳅都属于此)；另一种是圆鳅（即分布最广的青鳅，学名叫真泥鳅）。由于这些泥鳅都普遍存在于我国的各大水系，因此在国内市场都有销售，且在国内绝大多数地区没有出现不同品种间的价格差异。但在出口泥鳅中，却只有扁鳅一个种类（目前还没有发现有青鳅出口的先例）。若养殖者养殖的泥鳅是供应内销市场，则无论养殖哪种泥鳅都可以，但如果是出口，则应该选择扁鳅来养殖。

由于一般泥鳅的快速生长期为体重20克之前，所以用于催肥养殖的泥鳅不宜选择个体太大的泥鳅作为苗种。在江苏赣榆，养殖户一般是选择个体在7~10克的野生泥鳅用于催肥养殖，这样规格的泥鳅经过5个月左右的养殖，每条能够长到20克左右，总体增重是1.0~1.5倍。若收购的泥鳅规格偏大，泥鳅的生长空间有限，就容易出现"光吃不长"的现象，会严重影响催肥养殖的经济效益。

在养殖规模较大、养殖户比较集中的地区，在每年投放鳅苗季节，都会有商贩从外地运送野生泥鳅苗到当地销售，养殖户只需选择中意的泥鳅苗投放即可。对于一些泥鳅养殖刚刚起步的地区，养殖户就只有自行收购泥鳅苗用于催肥养殖了。

用于人工催肥养殖的野生泥鳅，无论是笼捕还是电捕，都要求新鲜，对于捕捉者在家中存放3天以上的泥鳅最好不要收购。收购来的泥鳅应采用敞口容器（如塑料桶、铁皮箱等）进行装运，不能密闭以防止泥鳅出现缺氧。装运时加水量一般不低于泥鳅的重量（若气温超过30℃，加水量还应适当增加）。加水后应将水面形成的泡沫捞掉，若运输时间较长（超过1小时），最好在运输的水中滴上几滴食用油（菜籽油、花生油均可），以防止运输途中水面产生泡沫影响泥鳅呼吸。

目前全国各地已经有不少的泥鳅苗繁育场，若附近有人工繁殖的泥鳅苗供应，也可直接购买人工繁殖苗用于催肥养殖。人工繁殖苗的个体尚小，生长空间大，用于养殖的增重倍数高，养殖效益一般也比收购野生泥鳅养殖要高得多。

3.放苗数量的确定

以江苏养殖户利用的条重7~10克的野生泥鳅苗（每千克100~150条）为例，放养的密度一般为每平方米1.5~2.0千克（折合每亩池塘约放养1 000~1 300千克）；如果是放养规格较小的人工繁殖苗，则每亩水面的放养量大约为12万尾，这样当长到尾重为20克左右时，亩产泥鳅为2吨左右（全程成活率按80%计）。确定了基本的投苗尾数后，我们就能比较准确地计算投苗重量了：假如我们投放的是体重为1.5克左右（体长6厘米左右）的小苗，则1亩水面应该投入的鳅苗重量为120 000尾×1.5克/尾=180 000克=180千克。

事实上，放养密度与水源是否充足密切相关。按照上面的养殖密度（亩产商品泥鳅2吨左右），则在养殖的中、后期，由于泥鳅大量摄食饵料，排出的粪便及残余饵料对水质的影响是非常明显的。为了保持泥鳅养殖池塘的水质良好，江苏养殖户一般每天会换掉大约10厘米深度的池水（一个2亩面积的池塘，高峰期的日换水量大约为130立方米）。平原地区的地下水非常丰富，要达到这样的换水量也比较容易，山区、丘陵地区的养殖户，在确定泥鳅放养密度时，一定要对水源有比较充足的考虑。如果水源条件很好，在具备相应养殖经验的基础上，放养密度还可以适当增大；如果水源不是很好，放养密度就应该适当地降低。

开展池塘围网养殖泥鳅，一般都是在较高密度下进行，实际上这也有出于对减少饲料浪费方面的考虑。一般泥鳅养殖户投喂泥鳅饲料，大多都是采用全池遍撒的方式，如果密度过低，投入池中的饲料很难及时被泥鳅吃到，饲料经水浸泡变成粉末混入泥土中，会增大饲料的浪费率。养殖户的实践经验证明：按照亩产泥鳅2吨左右来把握泥鳅苗的投放密度是比较可行的。

4.泥鳅苗的投放

运回泥鳅苗以后，就要准备投放入池了。为了达到良好的养殖效果和方便养殖管理，在投放之前，我们有必要对泥鳅苗进行以下处理。

（1）分级 对于成批购入的人工繁殖苗或是从比较有经验的经销商处购买的野生泥鳅苗，其规格一般都比较一致，在投放之前可以不用分级。但对于直接从市场或泥鳅捕捉者手里收购的野生泥鳅，由于其大小差异可能比较大，此时有必要对泥鳅苗进行分级。一般养殖者对泥鳅苗种进行分级所使用的分级筛有两种：一种是半球形的竹制分级筛，选择筛孔宽度在0.9厘米的筛子（卖筛子的通称其规格为"9招"）即可，能够通过此筛的泥鳅其体重一般在8克以下，可以投放到同一个池塘养殖；另一种为方形铁制筛，其筛孔宽度和竹制筛差不多，但这种筛子的筛面比较大，适合规模比较大的养殖户对较大数量的泥鳅进行快速分级。对于筛选出的规格较大的泥鳅，可以另外采用池塘养殖或者暂时贮养于水泥池、网箱中，采取少量投料维持其体重即可，待市行情较好时即可出售获利。对于池塘较少不方便同时开展多种规格泥鳅养殖的养殖户，也可以将筛选出的较大规格的泥鳅直接上市销售，只留下规格较小的泥鳅用于养殖。

（2）药物处理 在江苏省泥鳅养殖比较集中的地区，多数养殖户由于对药物使用方面的知识比较缺乏，部分养殖户参照其他鱼苗入池前的药物消毒方法处理泥鳅，由于泥鳅小苗对药物的耐受力比较差，结果导致泥鳅入池后反而大量死亡的严重后果。为此，很多养殖户在泥鳅投放之前都不进行任何药物处理而直接投放。由于泥鳅苗大多经过捕捉、贮存、运输等环节，加上养殖环境改变，对泥鳅身体造成伤害在所难免，给泥鳅带来的刺激也是比较强烈的。若适当使用药物对泥鳅进行防应激处理和疾病预防，可以取得事半功倍的效果。2008年春天，我们尝试性地对从外地运入的泥鳅苗进行药物处理，结果取得了成活率在98%左右的好效果。经过多次的尝试和各地学员的验证，证明在投放前对泥鳅苗进行适当的药物处理可以明显提高泥鳅苗种的成活率。我们使用药物处理的方法为：先把即将投放泥鳅的池塘水加入到运输箱（筐）中（若泥鳅是采用加冰运输的，应先将冰块拣出），待将运输箱内的水温调整到与池塘水基本一致后，即可加入药物。药物用量为："鳝宝转安康"15~20克/米³，"鳝宝感冒灵"30~50毫升/米³。加药时应注意将两种药物分别兑水添加，不要将药物直接混合。加药后保持浸泡时间在20~30分钟即可投放。

由于泥鳅池塘的四周有围网，而且围网与池埂有一定的距离，养殖户难以将泥鳅直接投放到围网区域内。在江苏省等规模养殖泥鳅的地区，养殖者在放苗的时候，通常将一张铁皮做成半圆形的槽，再在槽内放一层塑料膜，然后把槽的一端伸入泥鳅池中。借助这样一个"槽"就可以把泥鳅顺利投放到池塘中了（将泥鳅倒入槽内，泥鳅就顺利滑入到池中）。这样即提高了泥鳅的投放效率，也可以减少对泥鳅的伤害。这种方法值得初养者参考，可以使用当地比较易得的材料自制简易的投放设施，南方养殖户可以使用竹席加竹竿等材料代替铁皮做"槽"，既经济又实用。

养殖泥鳅的池塘水深除冬季比较寒冷的地区（如江苏北部、山东、辽宁）和夏季比较炎热的地区（如广东、海南、广西）在寒冬或酷暑期把水深加到70厘米外，全国绝大多数地区养殖泥鳅的池塘水深都是在50厘米左右。对于刚投入泥鳅的池塘，由于泥鳅刚到一个新环境，加上运输过程中泥鳅好动造成"疲劳"，部分泥鳅会静卧水底造成缺氧死亡。为了尽量给泥鳅浮出水面提供方便，此时泥鳅池的水深最好控制在30~40厘米，以后随着养殖的正常开展再逐步加深水位。

三、泥鳅危险期的度过

1.关于危险期

刚刚投放入池的泥鳅，由于在投放前大多经过捕捞、贮存、运输等过程，加之养殖环境改变，泥鳅会有一个逐步适应的过程。在这个适应过程中，泥鳅比较容易出现疾病和死亡，若管理不善，甚至出现较大比例的死亡现象。由于这段时间相对于泥鳅的养殖过程来说是比较危险的时期，所以很多养殖户也就把它称为泥鳅养殖的"危险期"。

2.危险期的长短

危险期的长短由池塘的水温来决定。在春秋季节末期（水温在15~20℃），此期间放苗危险期一般要经过20~30天；在夏季等高温季节，由于水温较高，泥鳅发病、死亡都比较快，投苗后的危险期一般为12~15天。

3.危险期的管理工作

泥鳅入池初期管理的好坏直接关系到泥鳅养殖的成败，也直接影响着养殖效益，所以抓好这一时期的管理显得尤为重要。为了尽量减少泥鳅入池初期的死亡率，达到少出现死亡甚至不出现死亡的良好效果，我们应做好以下几个方面的工作。

（1）药物预防 泥鳅入池后24小时就要对泥鳅池进行消毒，一般用"鳝宝益碘"或二氧化氯（漂白粉，有效氯含量5%）连用消毒2天，以后每隔5天，再消毒2天，直到危险期度过。这样，能有效地预防泥鳅的体表疾病。"鳝宝益碘"的用量为每立方米水体0.2~0.5毫升；二氧化氯的用量为每立方米水体1.5克。由于泥鳅在捕捉等过程中出现挤压，在运输中容易食入变质的脏水等，很容易引发肠炎。因此，泥鳅入池后的初次投料就要按每千克料添加2克"鳝宝肠炎灵"进行预防，并且连续使用2~3天，以后每隔5天左右再投喂2天，直至危险期基本结束。

（2）投料 及时按质按量给泥鳅投喂饲料是必须的，这有利于泥鳅快速恢复体力。关于投喂饲料要注意以下三个方面。

①选择合适的饲料。泥鳅是杂食性鱼类，其食性与鲤鱼比较相似。在选择饲料时，我们没有必要选择蛋白质含量很高的饲料来投喂泥鳅（有的养殖户使用蛋白质含量为40%以上的黄

鳝、鳗鱼、大口鲇等饲料来投喂泥鳅），那样会导致养殖饲料成本偏高，影响养殖效益，但也不能选用蛋白质含量过低的饲料（比如使用猪饲料、鸡饲料等低蛋白含量饲料）来喂养泥鳅。泥鳅对饲料蛋白的要求通常在30%左右（个体较小的泥鳅苗可以使用蛋白含量在30%~35%的饲料；个体较大的可以使用蛋白质含量在26%~30%的饲料进行投喂即可）。

目前市场上销售的饲料主要有两种：一种是硬颗粒饲料（由于其投放入水是沉底的，故也称"沉水饲料"）；另一种是膨化饲料（由于其投放入水是漂浮在水面的，故也称"浮水饲料"或"浮性饲料"）。在养殖实践中，选用两种饲料来投喂泥鳅的养殖户都有，那么对于刚刚开始从事泥鳅养殖的养殖户，究竟应该选用哪种饲料来投喂泥鳅呢？如果单从价格来看，同一营养标准的两种饲料，由于膨化饲料的加工工序稍多，1吨膨化饲料的价格一般要比硬颗粒饲料贵1 000元左右。部分养殖户为什么要放弃相对便宜的硬颗粒饲料而选择价格较高的膨化饲料呢？其主要原因有：首先是因为部分养殖者使用的池塘底质较软或有较多的淤泥，若使用硬颗粒饲料投喂，饲料容易掉入泥中，投喂的饲料浪费率比较高；还有部分新养殖户，因缺乏准确把握投料量的实践经验，投喂膨化饲料可以从水面看见泥鳅吃食，可以根据泥鳅的吃食情况来准确把握投料量。由此可见，投喂硬颗粒饲料的养殖户一般是池塘底质较硬且具有一定的养殖经验的养殖户。对于初养者和池塘底质较软的池塘，最好选用膨化饲料进行投喂。

对于刚刚投放入池的野生泥鳅，由于其具有沿塘底寻食的习惯，开食时也必须采用硬颗粒饲料进行投喂。待泥鳅入池养殖的危险期基本过去后，再采用在硬颗粒饲料中加入部分膨化饲料的方法，逐步驯化泥鳅到水面采食，直至完全投喂膨化饲料。对于从繁育场引进的人工繁殖苗，可以在购苗时从繁育场购买少量饲料，小苗运回后，先使用原来的饲料进行投喂，待其基本正常后再逐步过渡到投喂其他饲料。

选择饲料还应注意饲料颗粒的大小。若给泥鳅投喂颗粒过大的饲料，泥鳅不容易把饲料摄入口中，会影响投食的效果。若选择粒径很小的饲料，虽然无论泥鳅大小都可以采食，但小颗粒饲料下水后容易变成粉末，不利于泥鳅采食而造成浪费。因此，我们应根据泥鳅苗的大小，选择比较适宜的颗粒大小，以方便泥鳅的采食和尽可能避免浪费。

在水产养殖比较发达的地区，鱼饲料的品牌和种类都是很多的。对于初涉养殖的新手，我们不能只看价格选择饲料。由于饲料的品质好坏直接关系到泥鳅的生长，而饲料的品质又是很难通过肉眼来鉴别的，尤其对于一个养殖新手而言就显得更加困难。比较好的办法是直接选择比较知名的品牌，这样可以使我们在养殖过程中少走一些弯路。对于一些养殖者反映比较好的饲料或一些经销商推荐的饲料，若条件允许，我们可以先少量购一点，用一个网箱或小池试喂一段时间，确认其效果后再批量购买。

②把握好投喂量。泥鳅入池的当天就可以投喂，但由于泥鳅生性比较贪食，采食的饲料在体内吸水膨胀，容易将泥鳅"胀"死或导致泥鳅患肠炎病。因此，应把握好投喂量并采取少食多餐的方式进行投喂。首次投喂泥鳅的饲料量以泥鳅体重的0.2%为宜，以后每隔1天增加0.2%，直到15天过后，泥鳅的死亡高峰期（危险期）过去了，泥鳅也就能正常吃食了。加料量达到泥鳅体重的1%以后，应将1天的投喂量分多次投喂（一般至少应分为早晨和傍晚两次投喂，早晨投喂约30%，傍晚投喂约70%）。在逐步加料期间，如果哪天泥鳅的死亡率特别高，这一天就不要增加了，还是按照前1天的量喂。若泥鳅采食量达到泥鳅体重的2%，则表明量已经加足，在危险期尚未结束之前，每天的投喂量应以此为限，不可投喂得过多。

③掌握好正确的投料方法。投喂泥鳅饲料的方法与投入池塘的泥鳅规格或者说塘内泥鳅的密度密切相关。假如池塘内投放的是小规格的鳅苗，则池塘内泥鳅的总重量是比较小的（1亩水面投放12万尾体重为1.5克的人工繁殖苗，其总重量为180千克左右），此时我们可以只沿着池塘的四周进行投料（因为泥鳅苗在密度不是很高的时候，通常都是集中在池塘四周游动），以

后我们再逐步增大投料范围，直到进行全池遍撒。如果我们的池塘投入的是大规格泥鳅，则一般1亩的投放重量已经是1吨左右，此时泥鳅的密度已经比较高，这种情况下我们最好采用全池遍撒的方式进行投料。投料时应把握好投料量，养殖新手通常容易出现该投料的区域还没有投完却把饲料投完了的现象，我们投料时最好少量投放，投料区域投放完后，如果还有剩料，可以选择泥鳅比较集中的地方进行补充投料，这样可以有效地避免饲料浪费。

（3）清理病鳅、死鳅　对于刚刚投放入池开始养殖的泥鳅，可能每天都会出现泥鳅死亡的现象，初期甚至会出现一天比一天死得多的现象，但只要总的死亡率不是很高（整个危险期的泥鳅死亡率不超过10%），养殖者都不必恐慌。当然也有一些养殖者投放的泥鳅苗在危险期内也基本没有出现死亡的现象。在温度较高的季节投放泥鳅，当天死亡的泥鳅就可能浮到水面，而在低温季节投放泥鳅，可能死鳅浮出水面的时间会长一些，但无论何时投放的泥鳅，只要我们从水面发现了死鳅，就要尽快将其捞出，避免死鳅污染水质和传播疾病。有的泥鳅会出现狂游、在水面倒立等病症，一旦发现最好将其捞出，有条件的可以使用网箱、塑料盆等对捞出的病鳅进行单独饲养观察和治疗。

（4）管理好水质　在危险期内，由于总的投料量不大，泥鳅池塘的水质变化是比较缓慢的，但如果我们发现泥鳅池塘的池水由绿开始转黑，就应该尽快进行换水。更换池水一般不需要全部换，只是补充部分新水放掉部分老水。只要能够维持池水的水色为黄绿色即可。换水时应注意的是：不要在施药后立即换水，那样会冲淡药物的浓度。换水最好能够在施药至少3小时后才换。

4.危险期的泥鳅死亡率

养殖泥鳅的苗种投资是比较大的，尤其是像江苏养殖户这样购买较大规格的泥鳅进行投放。很多养殖者比较关心危险期的死亡率，担心投放后会出现大量死亡导致养殖失败。事实上，一般情况下，多数养殖户在投放泥鳅入池后，其危险期的总死亡率为5%~10%。由于各地野生泥鳅苗的来源途径不同，对于从当地收购野生泥鳅养殖的初养者，建议由少到多逐步发展，不要一时心急盲目上规模，以免出现不应有的损失。

四、泥鳅塘平时的管理工作

泥鳅的危险期过后，就进入到泥鳅的正常管理阶段了。这一阶段，相对来说，劳动量较小，管理起来相对简单，但也要注意以下几个方面。

遇到雨天，池水的pH值由于雨水的影响而发生变化，在这个时候，泥鳅最容易患上肠炎，所以在雨后喂食，饲料中一定要拌加防治泥鳅肠炎的药物（如"鳝宝肠炎灵"），在拌药的时候，最好能加上些面粉或黏合剂，这样能使药物被泥鳅有效吸收。

喂食量要尽可能做到比较平衡，不要忽多忽少。两天的喂食量相差不能超过30%，否则，很容易引起泥鳅肠炎和出现撑死泥鳅的现象。即使某一天泥鳅的食欲特别旺盛，其投喂量的增加也不能超过前一天的30%，否则第二天泥鳅就会出现大批的死亡，这些死亡的泥鳅大都是被撑死的。如果遇到阴雨天，饲料要适当少喂些，阴雨天一过，饲料的投喂量要慢慢增加。饲料的投喂量开始占泥鳅总体重的2.5%~3.0%，随着泥鳅个体的增大，慢慢地增加到4%，当气温降低、天气慢慢变冷时，饲料的投喂量应逐渐减少，直至不喂。这里所说的投料量是按照放苗时泥鳅的重量来计算的。同时还要注意在喂食的过程中绝对不能喂发霉变质的饲料，以免引发泥鳅疾病甚至死亡。

在整个养殖过程中，可能每天会出现泥鳅死亡的现象。例如500千克泥鳅，每天死亡几条都属于正常现象。这是其他水产养殖品种所少有的现象。其主要原因是泥鳅生性好动，这么多的泥鳅每天都要与网布进行摩擦，难免会有皮肤损伤等原因引起个别泥鳅出现疾病甚至死亡，而且泥鳅很贪食，肠道又细，尽管我们采取了多次投喂且尽量做到投料均匀，但难免会有泥鳅因过量采食配合饲料出现被撑死的现象。如果死亡过多，养殖者就要仔细查找和分析原因了。

在养殖过程中，换水工作是必不可少的。由于泥鳅池不大，饲料的投喂量较多，而且又是土池，所以泥鳅的水质很容易发生变化，这就需要我们经常换水。一般来说，每天都要向池中注入3~5厘米深度的新水，每隔10天要进行一次大换水，换掉整池水的1/3。当然这只是一般的规律，由于泥鳅养殖在各个阶段中所出现的密度有所区别，而且四季的投料量大小不同，具体换水次数还是要根据水质变化的具体情况来决定。

五、四季的管理

1.春季

春季，天气慢慢变暖，但气温不稳定，早春投苗的风险相对较大。如果是前一年所喂养的泥鳅，在春季养殖过程中，最关键的技术就是控制好泥鳅的投料量，此期间的投料量一般占泥鳅体重的0.5%~1.5%，宁可少喂不可多喂，一旦喂得太多，泥鳅吃不了，水质一到夏季就会出现恶化，引起泥鳅的死亡。

2.夏季

夏季是泥鳅养殖的黄金季节，这个季节需要做的工作也就相对较多。

（1）控制水温　最适宜泥鳅生长的水温是25~30℃，由于泥鳅池水位只有50~60厘米，所以很容易被阳光晒透。如果一天不换水的话，水温就可能达到38~40℃，这是泥鳅能够承受的极限温度，所以在夏季高温季节，我们有必要通过适当换水来控制水温，并尽量将水温控制在35℃以内。不过在喂食的时候不要换水，以免泥鳅聚集到入水口附近影响正常吃食。

（2）喂食　总的原则是多喂、勤喂。投喂量占泥鳅总体重的3%~5%，夏季最好分为4次投喂，第一次安排在05：30—07：30，第二次安排在09：30左右，第三次安排在傍晚天黑前，第四次安排在23：00左右，每次的投喂量分别占全天总投喂量的30%、20%、30%、20%。若投喂的是硬颗粒饲料，在夜里投喂的一次最好改喂膨化料，因为泥鳅在黑暗的时候喜欢到水面上来摄食。泥鳅吃膨化料需要一个过程，需要养殖者慢慢进行驯化。我们之所这样投喂，就是为了尽量避开白天尤其是午后的高温。在温度较低季节要选择一天中水温较高的时候进行投喂，由于在低温条件下总的投喂量不大，投喂的次数也可以适当减少。

3.秋季

在秋季天气慢慢变凉，水温也在逐渐下降。当水温下降到28℃以下时，就要考虑适当少投喂了。一般来说，水温在25~28℃，每日的投喂量为泥鳅体重的2%~3%；水温在20~25℃，投喂量为泥鳅体重的1.2%~2.0%；水温在15~20℃，投喂量为泥鳅

体重的0.5%~1.2%；水温在10~15℃，投喂量为泥鳅体重的0.2%~
0.5%；水温在10℃以下时也要投喂，只是投喂量很少而已。在
秋季的投喂过程中，投喂量要慢慢减少，不能太快，否则泥鳅
会瘦得太快。秋季投喂总的原则是宁多不少，不然的话，泥鳅
会很难有一个强壮的身体越冬。在北方地区秋季除了投喂以外，
还要注意雾天的时候要及时换水，以增加池水中的溶氧，防止
泥鳅出现缺氧死亡。

4.冬季

在冬季随着天气慢慢转寒，泥鳅的养殖已经接近尾声了，
但是只要池塘水不结冰，就要投喂少量饲料，投喂量一般占泥
鳅体重的0.05%~0.10%，这样泥鳅的身体哪怕到了春节的时候也
不会太瘦。有的地区冬季结冰，在结冰的时候，还要注意破冰，
以防止泥鳅缺氧。

六、泥鳅的起捕

据我们实践观察，泥鳅一般在体重20克前生长最快（提纯
选育的大鳞副泥鳅和杂交培育的泥鳅苗可能快速生长阶段略长，
但一般其快速生长阶段也不超过体重25克）。如果将已经长到体
重20克左右的泥鳅继续饲养，则有可能因泥鳅的饲料转化率降
低而出现"光吃不长"的现象，使养殖泥鳅的经济效益降低。

因此，当泥鳅个体达到一定的商品规格后，就可以根据市场行情适时起捕泥鳅上市销售。

泥鳅养殖户从池塘起捕泥鳅的常见方法有两种：一种是拉网捕捞；另一种就是采用地笼捕捉。

捕捞泥鳅的拉网与多数鱼塘捕捞其他鱼类的拉网相同。这种拉网一般网片长度约为20米，宽为2米左右，下设坠子，上设有浮子。网的两端各系有长绳。由于一个池塘的泥鳅重量远远超过相同面积的其他鱼类，所以采用拉网捕捞池塘的泥鳅，一般都需要10个左右的人员进行协作。一般是3~4个人穿下水裤进入池塘，2个人分别固守拉网的两头，1~2个人用脚探寻拉网坠子，防止较大的泥团、石块将网挂住。其余的人分别在两边的岸上，拽住网绳慢慢向前拉，将池塘内的泥鳅"刮"到池塘的一端。等拉网靠近池塘另一端时，塘内的人用脚将网坠前推并设法将网坠踩入泥内。此时拉网拦住的水域内，泥鳅的密度已经非常大，可以使用塑料筐、手抄网等工具直接捞取泥鳅。待拉网内的泥鳅已经比较稀少后，再缩小拉网围圈的范围，直到基本捞净为止。对于塘底比较平整的泥鳅池塘，使用拉网拖3~4次就可以捕捞到整池泥鳅的80%~90%。

地笼是一种比较常见的渔具，地笼网用钢丝做支撑，为呈方形或圆形的"口袋"，每个"口袋"四周设有多个外大内小的"倒口"，鱼类通过"倒口"进入到网内便再也无法游出。一个完整的地笼网大多由10多个甚至几十个"口袋"组成，长度从几米到数十米不等。当池内的泥鳅需要捕捞上市时，可以使用地笼网沉入泥鳅池塘内，由于泥鳅好动，很容易钻进地笼。在养殖密度达到每亩水面2吨左右泥鳅的池塘，使用一个长度为20米左右的地笼，通常1天就可以捕捞泥鳅超过500千克。若多使用几个地笼，反复在塘内捕捉几天，则完全可以将池塘中95%以上的泥鳅全部捕捞起来。

使用地笼网捕捞泥鳅不受池塘底部是否平整的限制，也不受人员多少的局限（1~2人就可以操作），但在塘内泥鳅密度较大时，应每隔30分钟左右起网一次，以防泥鳅长时间在网内出现缺氧死亡。对于已经使用过拉网捕捞的池塘，后期再使用地笼进行捕捉，可将池塘内剩余的泥鳅基本捕完。

从池塘内捕起的泥鳅可以暂时贮养于网箱中，以便随时出售。如果起捕时天气较热，应使用水泵或采用人工间歇性地往网箱里冲水，以免泥鳅出现缺氧。在起捕的过程中，池塘中的水深要保持在40~50厘米。若水太浅，泥鳅在泥里不动，地笼也很难捉到它。每过几个小时，捕捉的人可以在泥鳅池里走上几圈，让泥鳅动起来之后会捉得更多。

七、泥鳅的运输

泥鳅的运输方式很多，装运的容器也多种多样。比较常见的装运泥鳅的容器有泡沫箱、铁皮箱、塑料箱等。一般一个长为70厘米、宽为50厘米、高为38厘米的泡沫箱可以带水装运50~60千克泥鳅。使用容器密闭装运泥鳅，若气温较高，为了防止泥鳅在高温下呼吸旺盛出现缺氧，可以在运输箱内适当投放冰块，以降低水温确保运输安全。短途运输泥鳅上市也可以使用竹筐、塑料筐等用具进行"干"运。无论采用哪种容器运输泥鳅，在装运前都最好先用水对泥鳅进行体表冲洗，将其体表附着的黏液冲掉，以免在运输时黏液过多污染运输箱内的水。将泥鳅装箱后还应注意将水面浮起的大量泡沫捞掉，以免因泡沫过多引起泥鳅缺氧（为了防止运输过程中水面再次产生大量泡沫，也可在运输箱内的水中滴上几滴植物油）。

八、养鳅池塘的处理

很多泥鳅养殖者都有这样的感觉：使用新建的池塘养殖泥鳅，泥鳅生长快，水质比较稳定，病害也比较少，但使用养殖过泥鳅的池塘继续养殖泥鳅，则往往出现池水变化快，养殖过程中泥鳅疾病相对较多的现象。其实，这主要是养殖者在开展泥鳅养殖的过程中，忽视了对养过泥鳅的池塘进行处理造成的。对于养过泥鳅的池塘，最好在冬季泥鳅销售后，采用如下方法进行处理。

1.排水清塘

池塘内的泥鳅销售后，可以放干池水，塘底淤泥较多的，可以采用人工进行清除塘内淤泥。清理出的淤泥可以用于加厚、加宽池埂。多余的淤泥可运到农田或宽池埂上作肥料。将塘壁捶打结实，堵死所有的漏洞，提高池塘保水性能。

2.冻晒池底

池塘经日晒和冻融，池中残留的病原微生物被大量杀灭，同时淤泥通透性改善，有毒有害物被降解。清理池塘后，对残留的淤泥施用生石灰进行杀菌消毒，改善底质。一般每亩池塘用生石灰70~80千克。

3.种养结合

在我国南方地区，若冬季出售泥鳅较早，则可以直接利用池塘内的淤泥种植一季蔬菜或绿肥等作物，这样更有利于改善池塘底质，吸收和转化土壤中的营养物质，减轻病害，同时能增加饲料来源和经济效益。

4.彻底消毒

在春季投放泥鳅前两周，用药物对池塘彻底消毒。常用的消毒药物有漂白粉、生石灰等。干池消毒，每亩用漂白粉7.5~

10.0千克化水全池泼洒。或者每亩用生石灰50~75千克，先在池底挖几个小坑，将生石灰投入坑内，用水化成糊状后向四周泼洒，最好再耙池一次，使底泥和生石灰充分拌和。对于尚未消毒就已经蓄水的泥鳅池塘，也可以采用带水消毒。带水消毒的方法是：平均水深为1米的池塘每亩用含氯30%的漂白粉13千克或生石灰125~150千克，化水全池泼洒。带水清塘后，必须隔1~2周才可以投放泥鳅入池。

第二节　池塘围网养鳅的常见问题及解决办法

池塘围网养殖泥鳅最早在江苏省形成规模，截至目前，采用池塘围网养殖泥鳅面积最大的仍然是江苏省，其次是山东、河南、辽宁等省。这些采用大面积池塘围网养殖泥鳅的地区都具备一定的自然优势，即水源非常好、野生泥鳅来源非常丰富。对于我国绝大部分的山区及丘陵地区，当地水源不是很丰富（很多地区仅仅靠积雨蓄水），虽然也有一定的野生泥鳅资源，但远远不能和上述地区相比。对于这些地区，如果采用池塘围网的方式来开展泥鳅养殖，应该如何解决水源不足和野生泥鳅苗种数量不大的问题呢？

一、水源条件较差地区开展池塘围网养殖泥鳅

在四川、重庆等地的丘陵地区，地下水源较差，要像上述地区依靠丰富的地下水资源来开展池塘围网养殖泥鳅是很不现实的，但内陆省份的泥鳅内销市场比较大，市场价格在很多时候甚至高于沿海地区的泥鳅出口价格。内陆省份尤其是南方各省，常年气温较高，更加有利于泥鳅的生长。虽然地下水源比较贫乏，但年降雨量也比较可观。因此，合理利用自身条件是完全可以很好地采用池塘围网养殖泥鳅这种高效益模式并取得很好的养殖效果的。最近两年我们把池塘围网养殖泥鳅的高效益模式推广到了全国各个泥鳅出产区，甚至在一些根本就没有野生泥鳅资源的地区也开展起了泥鳅养殖。实践证明，只要善于扬长避短，在上述规模养殖泥鳅的地区之外开展泥鳅养殖，不仅可以获得良好的养殖效果，甚至可以获得更高的经济效益。下面我们就将在水资源比较缺乏的地区开展池塘围网养殖泥鳅的经验介绍给大家。

1.尽量选取距离水源较近的地方建造泥鳅池塘

在一些丘陵和山区，虽然水源比较贫乏，但大大小小的蓄水池塘和水库还是比较多的。这些池塘和水库的主要功能是蓄水供应水稻栽插。如果附近有这样的条件，我们尽量把养殖泥

鳅的池塘修建在其旁边，这样在枯水期也就有了比较可靠的水源供应。若附近有江、河、湖泊等水源条件的，在其附近建塘养殖泥鳅也非常不错。很多水库有人承包搞肥水养鱼，对于这种水质较肥的水源，只要我们在取用时适当采用微生物进行净化，也还是完全可以利用的。

2.根据水源条件适当降低养殖密度

2008年1月22日，中央电视台农业频道《致富经》栏目报道了江苏一个泥鳅养殖户亩产泥鳅达5吨的消息，引起泥鳅养殖者的广泛关注。根据我们实验，在正常投料的情况下，1立方米水体内可以养殖泥鳅22.6千克。假如池塘的水深为50厘米，则1亩水面就可以养殖泥鳅7 537千克，但是在这样的超高密度下，养殖泥鳅的池水必须每天都要进行全部更换。由于泥鳅的密度过高，其管理必须非常精细，水质管理更是容不得半点马虎。对于绝大多数泥鳅养殖者而言，我们没有必要去盲目追求超高密度，应该切实根据当地的水源情况，确定适宜的养殖密度。对于水源较差的地区，更要注意把密度控制在一个比较安全的范围之内。对于尚没有养殖经验的初养者，我们在考虑投放密度时，应本着"宁低不高"的原则来开展我们的初次养殖，以尽量降低养殖风险。

我们给大家的参考数据是：如果当地的水源在泥鳅养殖的高峰期能够满足池塘每天更换3~5厘米以上的池水，则可以按照每亩出产2吨商品泥鳅的密度来确定投苗量；如果有一定的水源(比如井水、山泉水、塘水等)，但又不能满足池塘换水3~5厘米以上，则可以按照亩产商品泥鳅1.5吨来确定投苗数量；如果泥鳅池塘只是靠季节性的雨水来进行换水，则应该把商品泥鳅的出产量控制在1吨以下。

在较低密度下养殖泥鳅，前期投料由于泥鳅的密度比较低，可以不采用全池遍撒的方式进行投喂。1亩水面内的泥鳅重量在500千克以下时，可以采用设立食台的方式来进行定点投喂。投喂泥鳅的食台可以采用网片等材料制作。采用网片制作食台的方法是：剪取一块面积为1~2平方米的网布，将其四周用竹片或铁丝绷直，四角拴上绳子并固定到一根竹竿的一端，形似渔民捕鱼用的罾。一般1亩水面可以沿四周设立10个左右的食台，投料时采用硬颗粒饲料直接投放到食台内，下次投料前还可以利用竹竿提起食台，检查是否有剩料并及时清除剩余饵料。

3.把泥鳅的养殖高峰与降雨旺季相结合

按照江苏养殖户的养殖方法，采用收购野生泥鳅作为苗种的方式来开展泥鳅养殖，这种养殖方法会使池塘的泥鳅从一开始到养殖结束都保持1~2吨的高密度，这种养殖方法不仅导致养殖泥鳅的投入较大，对于水资源比较缺乏的养殖者来说也是不可照搬的。

对于水资源比较缺乏的地区，我们建议最好采用"自繁自养"或就近购买人工繁殖苗的方式来解决泥鳅的苗种。以四川、重庆等地区为例，春季是一年中降雨较少的季节，而夏季通常是暴雨较多降雨量也较大的季节，秋季的降雨量虽然不是很大，但"秋雨绵绵"是常见的秋季气候。根据这样的降雨情况，我们可以将泥鳅养殖安排如下。

（1）春季养殖种鳅繁殖鳅苗　春季的降雨量小，我们就只开展养殖种鳅和繁殖小苗，此时泥鳅的总体重量小，用水量小。以一般准备开展2亩的泥鳅养殖为例，只需养殖种鳅30组（每组9雄6雌），总的重量约为10~20千克，每天有几十千克水就完全可以解决。4—5月开展繁殖，生产泥鳅苗约30万尾，培养两个月为尾重1.0~1.5克，此时泥鳅苗的重量约为300~400千克，有1口每天可以出水6~8吨的水井完全可以应付。

（2）利用夏季开展养殖　进入夏季，暴雨季节的降雨量比较大，此时可以利用建好的池塘抓紧蓄水，并尽可能把水量蓄得多一些。蓄好水后便可以投放鳅苗入池开展养殖。在此期间泥鳅的密度总体来说不算大，如果在投苗时蓄水在50厘米左右，采用光合细菌净化水质，一般可以维持20天左右换水一次。在正常的年份，一般在夏季不到20天就有一场暴雨，依靠雨水完全可以调节泥鳅池塘的水质。夏季稻田很多，大部分稻田都或多或少有些水，即使水质变化较快，从一些稻田中引水来维持换水也应该不是很困难。如果是5月繁殖的泥鳅苗，到夏末（8

月底），泥鳅的规格在10克/尾左右，如果是按照12万尾/亩进行投放的鳅苗，此时池塘的泥鳅密度大约为1 200千克/亩，基本相当于江苏养殖户常规投放泥鳅苗的投苗密度。

（3）抓好秋季进行育肥　进入秋季，也就是南方收割水稻以后，多数年份在入秋时都会有一个绵雨季节（南方水稻产区也多依靠秋季的降雨来蓄水），此时利用充沛的秋季降雨大量投喂饲料开展泥鳅育肥。抓好9—10月的育肥旺季，一般到10月底就可以将泥鳅的规格养殖到每尾15克以上，若市场行情好，此时就基本可以销售了。

（4）冬季价高及时出售　进入冬季，若泥鳅尚未销售且降雨量少，此时应减少投料量，以减缓水质变化。部分地区有利用稻田进行冬季蓄水的传统，此时若水质出现变化，利用稻田的蓄水进行池塘换水也是比较方便的。

在水源不是很好的地方，尽量在冬季市场行情较好的时候将养殖的泥鳅上市销售掉，只留下少量的种鳅用于开展下一年的养殖。

在比较缺水的地方开展泥鳅养殖，有的年份可能会遇上比较罕见的夏旱或秋旱，导致泥鳅池塘无水可换。此时我们可以采取立即减少投料甚至立即停止投料的方式来度过难关。在减料或停料阶段，定期使用微生物进行净化池水，待下雨后再恢复正常的投料养殖。遇上这种情况，可能会导致我们养殖的泥鳅在生长季节停止生长甚至还会变瘦，但这也是在特殊情况下才采取的措施。毕竟对于我国多数地区而言，大旱也不是年年都发生的。

若养殖者对当地的降雨情况不是非常清楚，在投放泥鳅苗时可以考虑减半投苗（即按每亩池塘投放6万尾左右的泥鳅小苗），待经过1年以上的养殖实践，对当地自然降雨蓄水情况比较了解后，再逐步加大投苗密度。

4.使用微生物净化池水

光合细菌微生物具有很好的净化水质的效果。自行培育使用光合细菌具有成本非常低廉的显著优势。在一些水产养殖比较发达的地区，已经有很多水产养殖者采用自行培育的光合细菌菌液净化水质。

使用光合细菌净化水质的方法非常简单，只需将培养的光合细菌菌液按每亩5千克的用量进行稀释泼洒即可。对于水质偏酸的地区，有条件的可以在泼洒光合细菌前，按每立方米水体25克的用量泼洒一次生石灰水（天气闷热及泥鳅出现生病或缺氧时不要泼洒生石灰水）。在夏秋季节，若每隔10~15天泼洒一次光合细菌，可以显著延长泥鳅池塘的换水周期。

总的来说，采用池塘围网养殖泥鳅毕竟还是一种高密度养殖的方式，它需要具有一定的水源条件。如果养殖者当地的水源条件确实太差，建议不要采用这种养殖方式，而参照我们后面给大家介绍的稻田养殖泥鳅的方法来开展泥鳅养殖。

二、野生泥鳅较少的地区开展池塘围网养殖泥鳅

在四川、重庆等水域面积相对较小的地区，当地虽然有一定的野生泥鳅资源，但大多来自稻田蓄水期间的季节性捕捉。春末夏初的栽秧季节和晚秋收割水稻后是农民捕捉稻田野生泥鳅上市的旺季，但遇上天旱年份，野生泥鳅的供应量就会非常小，有的乡镇市场在1个赶集日收购的野生泥鳅总量也只有几十至上百千克。在这样的条件下开展池塘规模化养殖泥鳅就必须要采取一些变通的办法。

1.把池塘进行分区

由于收购的野生泥鳅数量偏少，不可能在短时间内将一口池塘所需的泥鳅苗种放齐。在这种情况下，我们就有必要在进行池塘埋网时，使用网片将养殖泥鳅的池塘分隔成多个养殖区域。这样我们可以把同一天或近几天收购的泥鳅苗放入同一个养殖区域，待一个养殖区域放足数量后再投放其他的养殖区，这样就方便了养殖者根据投苗时间不同采取不同时期的管理，尤其是方便了分区投喂预防药物。由于先后放入的泥鳅都是共处一塘池水，所以在池水管理和投料操作方面和不进行分区养殖的池塘基本一致，基本不会增加管理成本。

2.购买人工繁殖的泥鳅苗来开展养殖

目前全国已经有不少泥鳅苗种繁育场，若附近有可以对外供应人工繁殖泥鳅苗的繁育场，则可以直接从苗种场购买泥鳅苗用于开展养殖，以满足开展较具规模的泥鳅养殖。

对于初养者和没有鳅苗培育经验的养殖户，可以购买体长在3厘米以上的人工繁殖苗，这种规格的泥鳅苗可以直接投入到泥鳅池塘内开展养殖。对于有鱼苗培育经验和相关条件的养殖者，则可以购买刚刚开口的泥鳅苗（水花苗）来进行培育，待将小苗培育到体长3厘米以上后，便可以投放到池塘内开展养殖。

购买泥鳅苗需要注意的是：①防止购买假的人工繁殖苗。有一些养殖单位以收购的野生泥鳅苗冒充人工繁殖苗对外出售。这些单位出售的泥鳅苗规格一般都比较大（1千克100尾左右，售价一般为40元/千克左右）。由于一般泥鳅的快速生长期大多在体重20克以前，花高价购买这种大规格的野生泥鳅苗，其增重空间小，养殖户购入养殖根本不可能有利润可言，希望大家引起注意。有的养殖单位利用一般养殖户不了解泥鳅苗的长度与体重的关系这一弱点，在电话中声称自己提供的是尾重3~5克的小苗，而实际供给养殖户的却是体重10克左右的野生泥鳅。为了帮助大家了解泥鳅苗的一些常识，我们特将泥鳅苗的相关参数公布如下：泥鳅苗7天时为160条/毫升；15天时为46条/毫升；体长为2.5~3.0厘米时，50克约为285条；体长为4厘米时为0.5克/尾；5厘米时体重约为1克/尾；6厘米时为1.6克/尾。②注意泥鳅的品种。泥鳅的品种也是影响泥鳅养殖效益的一个重要组成部分。目前在人工养殖的泥鳅品种中，生长最快的是经过提纯选育的大鳞副泥鳅，没有经过提纯选育的大鳞副泥鳅（黄板鳅）生长也比较快。一些主要靠内销的养殖户，由于市场比较喜爱圆鳅（青鳅），希望使用青鳅作为养殖品种，但据我们实践，青鳅的生长速度较慢，当年5月繁殖的青鳅苗到年底一般条重仅10克左右，而同期繁殖的大鳞副泥鳅体重却可以达到15~20克。为了既满足市场要求又能达到较好的养殖效果，目前已经有部分繁育场使用大鳞副泥鳅和青鳅进行杂交培育养殖苗，取得了非常理想的应用效果，有条件的养殖者可以尽量考虑引进杂交苗来开展养殖。③不要从中间商手上购买人工繁殖苗。在泥鳅养殖规模较大的地区，养殖者使用的野生泥鳅大多从贩运泥鳅苗的中间商手上购买。由于人工繁殖的泥鳅苗个体小，生命力比较弱，再经过一些中间商较长时间的贮运后，泥鳅苗的成活率会大打折扣，同时从中间商手上购买泥鳅苗，由于层层加价，也会导致购买泥鳅苗的价格偏高。在选择泥鳅苗种场时还应注意查看繁育场是否有与其供苗量相适应的繁育场地和繁育设施，是否有相应的技术力量，最好是有当地水产部门颁发的《鱼苗鱼种生产经营许可证》，以免购买到劣质苗种影响养殖效益。

3.开展自繁自养

泥鳅苗的繁殖和培育技术比较简单，繁育成本也比较低。据大众养殖公司的实践测算，每培育1千克规格为1.5克/尾的泥鳅小苗，其饲料成本约为7元。自行培育泥鳅苗种的成本甚至低于收购的野生泥鳅苗，所以有条件的养殖户，最好采用自行繁殖泥鳅苗的方式来解决养殖的苗种来源。

自行繁殖泥鳅苗可以从相关的泥鳅育种单位购买品质较好的大鳞副泥鳅种鳅来进行繁殖，也可以利用引进的种鳅与当地的野生青鳅（学名为真泥鳅）进行杂交培育泥鳅苗。具体的繁殖方法我们将在后面的章节给大家介绍。

第三节 池塘围网养鳅的养殖经验和投资建议

池塘围网养殖泥鳅模式是我国最早形成规模的高密度、高效益养殖模式。这种养殖模式的成功运用及大面积推广，带动了我国泥鳅养殖产业的迅速发展。前面我们以江苏养殖户作为实例给大家讲解池塘围网养殖泥鳅的具体技术方法时，已经融合了不少在全国各地不同条件下开展池塘围网养殖泥鳅的实践经验。为了帮助大家清楚地了解这一养殖模式的关键所在，特在此将其予以总结，并对开展池塘围网养殖泥鳅的投资经营提出建议，供初涉此行的养殖者参考。

一、池塘围网养殖泥鳅的成功经验小结

1.充足的水源是开展池塘围网养殖泥鳅的首要条件

池塘围网养殖泥鳅模式具有养殖设施简便、养殖管理轻松、防逃效果理想等诸多显著优势。这一养殖模式的出现引起了全国各地泥鳅养殖者的争相效仿。由于全国各地的具体条件不同，我们认为，在全国各地的平原地带地下水资源非常丰富，基本是可以完整照搬这种养殖模式的。对于一些靠近江河、湖泊、水库等大水源的养殖户，除了在解决水源的方式上存在一些差异外，也是可以基本照搬这套养殖模式的具体方法的，但对于一些丘陵甚至山区的养殖户，虽然我们在此也介绍了一些解决水源的应用经验，但必须要在充分考虑当地水源的实际供应量的情况下慎重采用池塘围网养殖模式，以免在养殖中途出现水源严重不足带来不应有的损失。

2.泥鳅苗种的质量直接关系着泥鳅养殖的成败

由于泥鳅养殖的发展速度很快，而与之相适应的鳅苗繁育却相对比较滞后，因而在目前的泥鳅养殖户中，绝大多数的泥鳅养殖者所使用的泥鳅苗种都还是来源于野生捕捞。

　　捕捞的野生泥鳅由于各地的捕捞、贮存和运输的方法存在一些差异，所以严格来说，并不是所有地区收购的野生泥鳅都可以像江苏养殖户那样一次性、大批量地投放到池塘中去开展养殖的。对于一些当地尚没有人开展批量收购野生泥鳅进行养殖的地区，养殖者在收购野生泥鳅开展养殖时，最好先少量收购，投放观察直到其度过危险期并获得了较高的成活率时，再考虑逐步扩大收购数量。江苏养殖户投放的野生泥鳅，在整个养殖期内捞起的死鳅重量一般占投放总量的5%~10%（由于死泥鳅身体内的有机物经过发酵，浮出水面的死鳅会部分脱水，死鳅的重量大约只有活鳅的60%~70%），实际死亡率一般在10%~15%左右。如果养殖者首次收购的泥鳅在整个危险期内出现了较高的死亡率，则应对收购的全过程进行检查，分析出现问题的原因，下次加以改进后再少量收购，直到收购回的泥鳅取得了较为理想的成活率之后再考虑逐步扩大收购量。

　　自行收购泥鳅用于投放养殖的养殖者，在收购时应尽量选择比较新鲜的泥鳅苗，对于捕捉者存放达到3天以上的泥鳅最好不要收购。气温较高时，密闭运输容易导致运输的泥鳅出现缺氧死亡，所以在运输泥鳅时最好采用敞口的容器，并注意控制堆放的层数。泥鳅在投放前的分级操作应迅速，尽量缩短泥鳅离水时间，以防气温与水温的较大差异导致泥鳅患病。

二、池塘围网养殖泥鳅的投资建议

在江苏省赣榆县墩尚镇，池塘围网养殖泥鳅刚刚兴起时，部分养殖户利用泥鳅市场的季节差价，在一年中开展多批次的泥鳅养殖，获得了非常可观的经济效益（据当地养殖者介绍，获利较高的每亩纯利达到7万元以上），但是由于这些养殖户的养殖利润多数来自于泥鳅的季节差价，实际的养殖利润（养殖增重创造的利润）并不是非常可观。

近年来由于赣榆县周边县市及邻近省份的泥鳅养殖也逐步发展起来，野生泥鳅苗的价格直线上涨，泥鳅的季节差价迅速缩小，依靠收购泥鳅进行贮养赚取季节差价的可能性越来越小，同时由于收购来的野生泥鳅普遍规格比较大（平均在10克/尾左右），泥鳅的增重空间非常小，养殖增重所带来的非常有限。依靠传统方法开展池塘围网养殖泥鳅虽然还是有比较可观的经济效益，但由于这种传统的养殖经营模式是建立在大量投苗的基础上，其养殖投入也是非常大的。由于大家在养殖季节抢购泥鳅苗，苗种质量难以得到保障，经常有养殖户投放的泥鳅出现大量死亡的现象。在高效益养殖泥鳅的火热场面下，泥鳅养殖的高风险也日益突出。为了给大家直观、准确地分析这种养殖经营模式下的一些利弊，我们在此以山东省鱼台县水产局仇庆国撰写的一篇养殖总结文章为例，给大家进行具体的分析。

三、泥鳅池塘养殖技术总结①

鱼台滨南四湖，是山东省著名的鱼米之乡，沟渠纵横，野生泥鳅资源丰富。当地百姓利用泥鳅资源丰富这一优势，大力发展泥鳅池塘养殖，取得了良好的经济效益。现把我们泥鳅养殖技术总结如下。

1.池塘的选择及改造

（1）池塘条件　池塘面积为1 200平方米，长为60米，宽为20米，深为1.0~1.2米，水源充足，排灌方便，交通便利。

（2）池塘改造　彻底清淤，池底整平，池埂夯实整直，然后用生石灰彻底清塘，每667平方米用生石灰75千克。PV管做热电厂水管，池中管口用纱窗布包严，并在管壁上钻小孔以增加过水面积。

（3）防逃网架设　采用泥鳅专用防逃网或用7股绞抗晒聚乙烯网片缝制，网高为2.5~3.0米。在池塘四周挖沟，沟深为0.4~0.5米，埋网高为0.5~0.6米，四周用水泥杆架设网布，水泥杆之间再用竹竿支撑，埋网土夯实，网布结头缝好，严防泥鳅逃出。

---

① 仇庆国.2008.泥鳅池塘养殖技术总结.内陆水产，33（8）：30.

2.泥鳅苗种收购

2007年6月28日至7月1日，在市场收购泥鳅苗共计1 416千克，规格为80~120尾/千克，泥鳅苗规格整齐，无病无伤，体色光泽鲜明。严禁"老号"泥鳅入池。

3.泥鳅驯化及投饲

泥鳅入池3天后开始驯化，每天投喂3~4次，具体时间为06:00，10:00，14:00和18:00，沿四周均匀投喂，投喂量逐步增加，最后为2.5%~3.0%的正常投饲量。饲料投喂方法沿池塘两长边均匀投喂，1~2小时内吃完为好。采用山东省淡水水产研究所生产的优质泥鳅专用料进行投喂，杜绝霉变及劣质饲料。

4.水质调节

水质调节是泥鳅饲养管理中的重要一环，良好的水质能降低泥鳅肠呼吸，减少体力消耗，利于泥鳅育肥。每天坚持排灌1次，约占水体的10%，每20天左右彻底换水1次。高温天气应适当加注地下水降温，以防池塘水温过高。10~15天搅动塘泥1次，以改良泥鳅栖居环境，搅动后的池水要彻底排出，然后加注新水达到正常水位。泥鳅池水位一般控制在0.7~0.8米。

5.鱼病防治

采用漂白粉进行鱼病防治，用量为1~2克/米^3，每半月泼洒1次，严禁使用违禁药物。

6.日常管理

每天坚持巡塘，细致观察泥鳅活动摄饵情况，特别注重早晨和晚上巡塘，如发现摄饵量下降，活动不正常，水质有异味等情况应及时换水，严重时应停食，进行彻底换水。

7.泥鳅的捕捞

2007年10月26日用泥鳅专用网进行捕捞。泥鳅肥满度、色泽以及规格都达到了出口要求。起捕率在70%后再用地笼捕捞，总起捕率在90%左右。

8.结果

经过110多天的精心饲养管理，共收获泥鳅2 980千克，净增产1 564千克，规格36尾/千克，成活率为75%；泥鳅销售收入73 300元，泥鳅苗成本为22 000元，饲料成本为19 143元，电费药物等费用为1 200元、人员工资为5 000元、净收入为25 957元。饵料系数为3.4。

9.案例分析

（1）分析一：关于亩效益 由上面的总结可以看出，养殖者使用的池塘面积为1.8亩，获得的纯利润为25 957元，折合亩效益为14 420元，而亩投入为：泥鳅苗12 222元＋饲料10 635元＋其他费用及工资3 444元＝26 301元。虽然投入2.6万多元，获得了1.4万多元的利润，但我们认为，由于泥鳅养殖具有一定的风险，这样高的投入又更增大了投资风险，这是不值得我们盲目效仿的。

（2）分析二：增重效果　养殖者投放1 416千克泥鳅，收获2 980千克，净增重1 564千克。由此可见，这种增重效果是不理想的，其增重率仅有1.1倍。养殖者所获得的利润中，很大部分来自于季节差价（购买价15.5元/千克，销售价24.6元/千克）。增重效果偏低与养殖者购入的鳅苗个体较大密切相关。一般泥鳅生长较快的阶段应该是在体重25克以下，而养殖者购入的鳅苗就已经是80~120尾/千克，基本达到了每尾10克左右的规格，这样打足了算也只有1.5倍左右的增重空间。

（3）分析三：饲料转化率　上面例子中，泥鳅增重1 564千克，所花的饲料成本为19 143元，折合每增重1千克泥鳅的饲料成本为12.24元。这个成本比我们养殖泥鳅的饲料成本几乎高出了约60%（我们使用鲤鱼饲料投喂泥鳅的饲料转化率为2.15，增重1千克泥鳅的饲料成本为7.65元）。我们认为，这与其使用的鳅苗年龄过大有关。在东北等地，由于当地的水温偏低，当年繁殖的野生泥鳅一般到年底个体重才仅有10克左右，养殖者购入养殖的泥鳅已经有1年左右的年龄。从事养鸡的养殖者都知道，鸡的日龄越大，其饲料转换率就越高，30日龄的小鸡可能只需要2千克左右饲料就可以增重1千克，而120日龄的鸡却需要将近2千克饲料才能增重0.5千克。养殖大口鲇的养殖者也知道：大口鲇在小苗期大约0.35千克饲料就可以增重0.5千克，而养殖90天的大口鲇，却需要0.7千克饲料才可以增重0.5千克。由此我们就不难理解上面例子中泥鳅的饲料转化率偏低的真正原因了。

10.投资建议

通过上面的分析，结合我们开展泥鳅养殖的实践，我们认为，养殖者要降低泥鳅养殖的风险，实现低成本、低投入、高效益养殖，其出路有以下几个方面。

(1) 开展自繁自养　自行繁育1万尾大鳞副泥鳅苗，成本只要30元左右，以每亩投入鳅苗15万尾计，所花成本不到500元。自行繁育1万尾真泥鳅，成本仅20元左右，养殖1亩仅花鳅苗成本300元左右。与上面例子中，1亩塘投苗花费1.2万多元相比，养殖风险降低了很多倍，而且当年繁殖的泥鳅小苗生长快(我们2008年4月繁殖的泥鳅小苗，当年11月就已经长到了20克/尾左右)，增重倍数高，饲料转化率高，何乐而不为。

(2) 引进人工繁殖的小苗开展养殖　引进15万尾开口苗，投放1亩田仅需花费1 000多元，即便是引进大规格的人工繁殖苗 (条重1~2克)，泥鳅在当年的增重也有10多倍的增重空间，养殖效益也是非常明显的。

第二章

网箱养殖泥鳅实例

网箱养殖泥鳅最早是参考网箱养殖黄鳝的技术方法来进行的。通过养殖者多年开展网箱养殖的实践，目前的网箱养殖泥鳅已经更加符合泥鳅的生活习性，同时也就与网箱养殖黄鳝的基本技术方法有一定的差异。其主要差别表现在以下几个方面。

（1）网箱的大小　根据多年的实践，养殖者为了方便管理，养殖黄鳝的网箱目前已经由原来的每口10~20平方米逐步改进为每口4~6平方米，但由于泥鳅活泼好动，过小的养殖环境容易导致泥鳅出现身体擦伤，因而养殖泥鳅的网箱大小最好还是以每口10~20平方米为好。

（2）水草　为了方便黄鳝栖息到水体的表层附近，养殖黄鳝的网箱水草的覆盖面积一般都占网箱面积的90%以上，而泥鳅善于上下蹿跳，即便没有水草作为依托，泥鳅也能够很轻松地游到表层。养殖泥鳅的网箱内如果水草过多过密，反而会阻碍泥鳅游到水面呼吸。因此，养殖泥鳅的网箱一般都只投放少量的水草。

(3) 食台 泥鳅的采食活动比较迅速，正常养殖过程中无须对其进行食性的驯化。因此，在开展泥鳅网箱养殖时，若是采用浮性饲料投喂，网箱内一般都不需要设立食台。

第一节 网箱养殖泥鳅的具体方法

近年来，由于野生黄鳝数量急剧减少，加上黄鳝苗种的人工繁育技术还比较滞后，导致有的养殖户出现安置的网箱由于无苗可投而不得不闲置。在泥鳅市场价格日益上涨的今天，一些黄鳝养殖户便开始利用养殖黄鳝的网箱开展泥鳅养殖，获得了比较可观的养殖效益。有的养殖户甚至获得了比养殖黄鳝更加可观的经济效益。江西省高安市大城镇古楼村的肖俊杰便是其中的一位。

在开展泥鳅养殖前，肖俊杰已经开展黄鳝养殖多年，但由于近年来野生黄鳝苗种的供应量越来越少，严重限制了黄鳝养殖的规模发展。2008年春天，肖俊杰在大众养殖公司技术员刘新庵的指导下，开始利用养殖黄鳝的网箱开展泥鳅网箱养殖的尝试。

肖俊杰开展首批泥鳅养殖的苗种是从市场上筛选的规格较小的泥鳅，泥鳅的规格多在7~12克/尾，20口（每口6平方米）网箱共投放泥鳅苗200千克，经过7个多月的饲养，共捕获泥鳅656千克，总产值为18 368元，获得利润10 865元，平均每平方米收获成鳅5.5千克，每平方米盈利90.5元。第二批是2008年5月投放的人工繁殖苗，3口网箱共投放体长6厘米左右的泥鳅苗7 200尾（总重量为11.7千克，平均每尾重1.63克），经过6个多月的养殖，共捕获泥鳅134千克，总产值为3 752元，获得利润3 032元，平均每平方米收获成鳅7.3千克，每平方米盈利168.4元。这一利润标准已经达到甚至超过了部分黄鳝养殖者的养殖利润，而苗种、饲料的投入却比养殖黄鳝低了许多。

为了帮助大家直观了解网箱养殖泥鳅的操作技术，我们在此以肖俊杰的操作程序为例，将网箱养殖泥鳅的技术方法介绍如下。

一、池塘选择

肖俊杰选择的养殖池塘面积约为0.9亩，池塘附近有一条小河，注水或换水比较方便。池塘水深约为1.2米，水质清新，无任何污染物。为了方便养殖中的投饵和管理，肖俊杰使用两只旧轮胎和几节竹竿，总共只花费了几十元就制作了一个简易的竹筏。

二、池塘清整消毒除害与肥水

由于之前鱼塘养殖过黄鳝和其他鱼类，为了达到较好的养殖效果，肖俊杰利用冬季比较空闲的时节，对鱼池进行了清整改造，除将四周进行修整，还将池底的淤泥进行了清除，然后空池经阳光曝晒了1个多月。4月水温逐渐上升，此时将池塘注水后安放网箱，网箱安好后，再进行全池带水清塘 (放苗前15天)。清塘消毒选用生石灰，用量为每亩75千克，以杀灭池塘内的有害生物，同时改善底质；消毒后按每亩300~400千克施腐熟的人畜粪作基肥培水，使水色变绿。

三、网箱的规格与架设

由于手头没有规格较大的网箱，肖俊杰便直接使用养殖黄鳝的（规格为6米²/口）网箱开展泥鳅养殖，网箱的深度为1.2米。因该池塘的地理位置比较低，夏季暴雨季节水位上涨较高。为了安全起见，肖俊杰使用竹竿和木条搭制了网箱浮架，在浮架的四周使用小木棒做支撑，使网箱挂好后，网箱上部高出水面约50厘米。为了固定网箱，防止其随风飘动，肖俊杰使用铁丝将网箱连成排并拉向岸边进行固定。为了防止飞鸟危害泥鳅，肖俊杰在池塘内插上竹竿并挂上塑料膜，随风飘动的塑料膜让原来围在池边的飞鸟逃得没有了踪影。池塘内共设置两排网箱，两排网箱相隔约为3米，以便于投饵和水交换。泥鳅苗种放养前20天将网箱设置好，以便箱体浸泡在水中附着藻类物质，使网衣变得柔软光滑，防止苗种入箱后擦伤体表。网箱的设置密度视水源条件而定，一般为池塘总面积的20%左右，可根据水源条件的好坏适当降低或增加密度。

四、水草移植

设置好网箱并且对肥水消毒后，便可往箱内移植水草。水草种类有水葫芦、水花生、油草、浮萍等，水草经消毒处理，以免携带有害生物，同时水草可作泥鳅的隐蔽场所，夏季可避免阳光直射，防止水温过高，还可调节水质，也利于泥鳅摄食生长。水草覆盖面积不超过网箱面积的1/3，水草移入前每立方米水体用"鳝宝水蛭清"2毫升和"鳝宝杀毒先锋"2毫升进行杀虫消毒（实际用药量按网箱内的水量计算）。

五、鳅种放养

当水温上升并稳定在20℃以上时，便可收购规格为5~12厘米的鳅种进行投放养殖。收购的鳅种应确保无病无伤、体质健壮，购回后选择大小规格整齐的泥鳅种放养1箱，泥鳅放养后第一天使用"鳝宝转安康"按2克/米^3、"鳝宝益碘"2毫升/米^{3}进行泼洒；第二天每立方米水体使用漂白粉1克兑水泼洒（水深超过30厘米以30厘米计算），以后每隔5天再泼洒2天，直到度过危险期。投料过程中前3天每千克料加入"鳝宝肠炎灵"2克、"鳝宝维生素C"1克，以后每隔2天再投喂1次，直到危险期度过。投喂药物时最好按每千克鲜料加入强力黏合剂1~3克，以避免药物散失。没有鲜料的可以直接使用配合料进行拌药开口，开口饲料的投喂与前面介绍的"池塘围网养殖泥鳅"相同。

六、饲料的选择及投喂技术

网箱养鳅以人工投饵为主，泥鳅的食性很杂，饵料种类较多，在培肥水质、提供天然饵料的基础上，植物性饲料有米糠、麦麸、豆渣、菜饼、玉米粉等，动物性饲料有鱼粉、蚕蛹粉、蚯蚓、蝇蛆、螺肉、蚌肉、小杂鱼虾、畜禽下脚料等，此外还有人工配合饲料，动植物性饲料要做成团状饲料使用。饲料投喂做到四定原则：定时、定量、定质和定点。

1.定时

鱼种放养后的当天晚上开始投喂，泥鳅在一昼夜中有两个明显的摄食高峰，加上网箱养殖多投喂浮性饲料，因此每天投喂两次，在摄食高峰时进行投饵，分别为05：00—07：00（天亮前），18：00—20：00（天黑后）。

2.定量

每天的投喂量根据泥鳅的生长状况、摄食状况、水温、水质、天气等情况随时调整，投喂量以每次2~3小时内吃完为准，初期日投饲量为鳅苗总体重的2%~5%（鲜料重，干料按1折3计算，后同），中期为泥鳅体重的5%~6%，后期为8%~10%。泥鳅在夜间摄食量较大，因此下午投饲量占全天投喂量的70%。泥鳅在水温15℃以上时食欲逐渐增加，在20~30℃是摄食的适温范围，在25~28℃食欲特别旺盛，当水温高于 30℃或低于12℃以及雷雨天时，泥鳅食欲减退，此时应少喂，甚至停喂。

3.定质

饲料必须新鲜、营养丰富且组成相对恒定，严禁投喂腐败变质的饲料。

4.定点

饵料实行定点投喂，可使泥鳅形成集中摄食的习惯，也便于人工观察泥鳅摄食情况，及时调整饵料投喂量，所以切忌撒投。饲养开始时全箱遍撒，以后逐渐缩小食场，最后把饵料投放在食台上，注意摄食后及时清除残饵。投喂浮性饲料的，应逐步驯化到网箱的两端或四角进行投喂。

七、水质调控

池塘养殖要达到高产的目的，除了要有理想的池塘条件、优质的饲料和健康的鱼种及合理的投放密度外，还要具备良好的水质。

泥鳅喜肥水，养鳅的水要"肥、活、爽"，水色以黄绿色为好，透明度应控制在30厘米左右，溶解氧要大于2毫克/升，pH值应保持在7.0~7.5。因此，养殖期间要注意调节水质，应根据水质肥度合理追施肥料，可追施鸡、鸭粪等有机肥，用编织袋装上有机肥浸于水中，每次每平方米用量约为0.5千克；还可追施化肥，水温较低时可施硝酸铵2克/米^2，水温较高时可施尿素2.5克/米^2。如果发现水色发黑或水质过浓时，应及时换水。一般7~10天换水1次，每次换水20~30厘米。7—9月当水温超过30℃时，每星期及时更换新水2次以上，并增加池水深度10厘米左右；其他时间视水位和鱼的反应情况加注新水。如发现泥鳅大量上蹿下跳，常游到水面浮头"吞气"时，表明水中缺氧，应停止施肥，要及时冲水并开机增氧，并注入新水。

要做到水质"肥、活、爽",有必要对肥水水质、瘦水水质、老水水质、转水水质进行了解。

1.肥水水质

肥水水质的水色浓而混浊,呈油绿色(包括蓝绿色、黄绿色)或褐色(包括黄褐色、红褐色和茶褐色),透明度适中(在20~30厘米),水体中浮游生物含量多,溶氧条件较好。一般池塘养殖中的肥水要求是"肥、活、嫩、爽","肥"即为水体中氮磷元素、微量元素和营养盐类充足,浮游生物无论从数量上还是质量上都保持饵料生物的最高水平;"活"即为浮游生物的生产量和消耗量达到了动态平衡,水色有明显的日变化和月变化;"嫩"即为水质肥而不老,容易被鱼类消化吸收的浮游植物数量很多,浮游植物细胞未老化,蓝藻类浮游植物含量较少,水色鲜嫩似绿豆汤;"爽"即为水色不浓不淡,清爽,透明度在20~30厘米之间。

2.瘦水水质

瘦水水质水色清淡,呈浅绿色或淡黄色,透明度大于30厘米,有日变化和月变化,溶氧条件极好,但是水体中的浮游生物含量少。瘦水水质的形成一方面是不经常施肥所致,另一方面是新开挖的池塘尚无肥力无法让池水变肥。瘦水水质不利于养殖肥水性鱼类,但是对于养殖吃食性鱼类非常有利。

3.老水水质

老水水质水色很浓，呈浓绿色或黑褐色，透明度低于20厘米，池塘低层水溶氧条件极差，浮游植物中蓝藻含量最多，因蓝藻类浮游植物细胞老化，不利于鱼类消化吸收。老水水质形成的原因有：①施肥不足，水体中缺氧、磷元素或其他微量元素和营养元素，水中浮游植物种类单一；②无水源交换，造成水体溶氧条件不足；③池塘周围有高大树木或高大建筑物遮挡，造成光照条件不足，透明度低；④代谢产物积累过多，主要是食场周围不注意清理和消毒；⑤经常投喂酸性饲料、肥料或施用碱性药物和化肥过多，使水体酸碱度变化过快。

4.转水水质

转水水质肥沃，水色呈浓绿色、蓝绿色或酱红色，水面常有云彩状水华，透明度较低。水体中浮游植物含量极高，但种类很少。转水水质水色呈暗黑色时，混浊度很大，在鱼池下风处即可闻到很浓的腥臭味。转水水质的形成经常是因为饲养管理不当造成的，遇到连绵阴雨天气、闷热天气等，水中浮游植物的大量繁殖，供给浮游植物光合作用代谢的营养盐类不足，加上缺乏足够的光照，引起藻体大量死亡，分解产生有毒物质，造成池塘养殖鱼类大批死亡，俗称"泛塘"或"泛池"。

转水水质多发生在夏秋季高温季节，转水水质发生时，水中氧气严重缺乏，鱼类经常浮头，所以应加强对水华水的管理，如定期注换新水或定期泼洒水质改良剂，以保障池塘养殖生产安全进行。

这些都是微生物及藻类等浮游植物构成水体微生态的主要因素。藻类通过光合作用释放氧，同时吸收水体中的碳元素。碳元素等由下层水体中的含碳有机物经微生物降解处理后才可能被浮游植物所利用。这三者构成水体中"生产—消耗—还原"的微生态循环。如三者可持续的平衡循环，即水体达到微生态平衡状态，也就是肥水水质，养殖鱼则处于最佳生态状态，然而由于高密度饲养必然会给水体带来超量的有机废物，使微生态失衡，造成水体污染，就会出现瘦水水质、老水水质和转水水质，因此要加强水体微生态控制。

当水下有机废物沉积过多时，各种厌氧菌便大量繁殖，产生大量的有害气体（如氨、硫化氢、甲烷等），此时可在水体中施入适当的EM、光合细菌等有益菌，即可有效地解决这些问题，而无需过早地采取更换新水或药物灭菌等传统措施。EM有益菌可产生水解酶、发酵酶和呼吸酶，对有机废物中的蛋白质、脂肪和糖类具有高速降解作用，而且不产生毒素。它对厌氧菌等有害菌具有抑制作用，不造成污染，还可将水下有机废物转变成植物的营养物质。

浮游生物对水体的"着色"就是我们通常说的"藻象"，着色效应往往能帮助养殖者判断水质情况。如果水体呈黄绿色，则可认定水中铁、镁、钙盐丰富；如果水色呈褐色，则可认定水中腐殖多且降解利用不够；如果水体呈褐色且酸性较强，则可认定水中腐殖性淤泥过厚，硫化菌繁殖过剩；如果水体色清淡且透明度高，则说明水体微生态不平衡或欠缺；如果水色淡绿且透明度适中，则说明水体微生态平衡。

在炎热的夏天，由于泥鳅长势加快，水体溶解氧耗量大，特别是次日清晨会极度缺氧，虽然泥鳅可以通过皮肤直接呼吸空气，但是我们还是发现泥鳅有浮头现象出现，虽然没有发现泥鳅有泛塘现象，但是极度缺氧对泥鳅生长极为不利，此时我们应考虑适当开增氧机增氧或加注新水。

八、日常管理

专人负责，每天早、晚巡塘检查网箱，随时掌握水质、水色的变化，注意观察泥鳅摄食和活动情况，做好投喂、水温、溶解氧等方面的记录；检查泥鳅生长情况，根据长势及时调整泥鳅的投饲量，每天及时清除食台残饵，捞出箱内漂浮的杂物和死鳅。水草面积超过网箱面积40%时要及时清除。定期清洗网箱周围的附着物，保持网箱水体对流交换、溶氧丰富，并使足够的饵料生物进入箱内，同时经常检查网箱是否破损，如有漏洞立即补好，防止鱼逃。

九、鳅病防治

由于网箱养鳅放养密度高，加上强化投饵水质变坏，易发生疾病，因此应重视预防和治疗：①放养前彻底清池消毒，杀灭池塘本身病源生物。②鳅苗入箱后及时消毒和投喂药饵。③每半个月交替泼洒1次"鳝宝益碘"和"鳝宝杀毒先锋"，或者在网箱四周挂漂白粉袋1次。漂白粉挂袋制作方法：用2层纱布包裹100~125克漂白粉挂于食台周围，每箱1次挂袋1~2只，能有效预防病害发生，与此同时，池中每月按每立方米池水25克左右生石灰化浆泼洒1次。④投饵时要坚持"四定"原则，如果饵料投喂过多，每天应及时清除食台上残饵以防污染水质，保持网箱内水质清新。⑤每月投喂药饵3天，可在饲料中添加"鳝宝肠炎灵"、"鳝宝血炎康"、"鳝宝维生素C"，对预防肠道和其他细菌性疾病有较好的效果。

在泥鳅养殖过程中，还应防止水蛇、水老鼠、蛙类、乌鳢、水蜈蚣、红娘华、鸟类等的侵袭和危害。防治方法：①清除池边杂草，保持养殖环境卫生，严防蛇、鼠、蛙侵入，发现后应及时捕捉，蛙卵要及时捞除；②进水口用筛绢网拦好，防止野杂鱼、水生昆虫随进水时进入池中；③发现鸟类及时驱赶。

十、起捕运输与销售

秋末冬初集中起捕收获，另外，只要泥鳅达到上市规格，再根据市场需要灵活掌握起水时间，适时捕大留小，提高产量和效益。由于泥鳅多为鲜活销售，如运输不当易导致死亡，造成损失。在运输中，可制作数十只竹箩，每只竹箩可装泥鳅25千克左右。起运前，在竹箩底部铺上塑料薄膜，加水2.0~2.5千克，然后放入活泥鳅；运输途中每隔1.5小时加水1次，可确保泥鳅鲜活，以提高经济效益。

第二节　网箱养殖泥鳅的常见问题及解决办法

使用网箱养殖泥鳅，是现在开展泥鳅养殖的另一种有效的低投入、高效益的养殖模式。一方面主要是由于养殖户在开展养殖初期，无需花费太多的设备资金，使自己拥有更多的流动资金；另一方面，由于下放网箱的水域一般都比较开阔，而且水体较大，大大减轻了养殖户在水质管理中的劳动强度，因而网箱养殖泥鳅逐渐成为泥鳅养殖的另一个发展方向。在利用网箱养殖泥鳅的过程中，逐渐表现出一些容易被人们忽视的致命问题。在此给大家罗列出来，希望对广大泥鳅养殖户和泥鳅养殖爱好者有所帮助。

一、泥鳅体表尤其是头部容易出现损伤

网箱养殖泥鳅在初期放养中常出现大量泥鳅死亡的现象。经过仔细观察发现，在绝大多数死亡的泥鳅身上都有共同的特点——体表有大面积的伤痕尤其是在头部。通过分析发现，这些伤主要是泥鳅刚刚转入网箱中养殖时，由于泥鳅对陌生环境的应激反应和天生好动的生理习性所造成的。在泥鳅养殖过程中这是一个非常严峻的问题。

1.体表受伤大幅降低泥鳅成活率

在利用网箱养殖泥鳅的过程中，泥鳅体表以及头部出现的受伤，是导致泥鳅大量死亡的重要原因。究其根本我们发现，主要是泥鳅受伤以后，受伤部位失去了黏液（其主要成分是溶菌酶）的保护，为病菌入侵打开大门。也就是说，泥鳅受伤部位没有了溶菌酶的保护，病菌很容易在受伤部位感染，在其感染的部位孳生蔓延。

在各种由于鱼体受伤而被感染的病菌性疾病中，以水霉病最具代表性。水霉病是由水霉病游孢子（即俗称的水霉菌）感

染鱼体受伤部位所引起的一种疾病。水霉菌的生存温度范围十分广，在5~26℃均可正常生长繁殖，其最适生长温度为10~15℃，换句话说也就是在春秋两季和冬季，极容易感染受伤的泥鳅。在被水霉菌感染的初期，泥鳅没有明显的发病特征，当观察到时，菌丝已经侵入伤口，并开始大量繁殖。菌丝除寄生于坏死组织外，还会蔓延侵入附近的正常组织，分泌消化酶分解周围组织，进而贯穿真皮深入肌肉，使皮肤与肌肉坏死崩解，最终导致泥鳅衰弱而死。

除水霉病以外，比较常见的由荧光假单胞菌所引起的赤皮病、由维里纳气单胞菌（*Aeromonas veronii*）引起的溃疡病等疾病都与鱼体受伤有着直接的关系。因此，要提高泥鳅入池初期的成活率，就必有效解决泥鳅体表机械损伤的问题。

2.泥鳅受伤的原因及解决办法

泥鳅体表受伤是导致泥鳅入池初期大量死亡的一个重要原因，通过分析发现泥鳅的伤痕主要来源于以下几个方面。

（1）捕捞和转运过程中造成　捕捞泥鳅的方法多种多样，常见的有笼捕、敷网捕、张网捕、池塘拉网捕、袋捕、药物驱捕、干塘捕捉等，其中药捕和干塘捕捉的方式所捕捉的泥鳅不适合养殖，可以不考虑。从上面的各种捕捞方式中可以发现对泥鳅都会造成很大的损伤，几乎都会使泥鳅体表的黏液脱落甚至划伤皮肤。由于在转运的过程中是高密度运输，泥鳅会受到挤压，同样会出现大量黏液脱落的现象。最终导致泥鳅体表受伤，进而影响泥鳅的健康生长。这就要求我们在选购泥鳅的过程中，尽可能选择受伤少的，而且在运输过程中采用底面积比较大的运输容器来运输，并且适当多加部分水。

(2) 泥鳅对陌生环境的应激反应　泥鳅具有非常强的应激性，尤其是到达一个陌生的环境中时表现得尤为突出。泥鳅从原来的环境中经过捕捞运输以后，本身就已经受到比较大的惊扰，出现较强的应激反应，加上泥鳅天生好动的特点，入池以后势必会出现焦躁不安等现象。在网箱中狂游，东窜西窜，导致网布将身体、头部等地方划伤。可以通过提前7~10天下放网箱，使大量的浮游生物和藻类着生在网布上，这样网布比较光滑，不至于使泥鳅在网布上划伤。在运输用水中按每立方米水体加入4~5克"鳝宝转安康"，以降低泥鳅的应激反应，在投放后每立方米水使用2毫升"鳝宝益碘"进行泼洒消毒（按网箱内的水体计算实际用药量），如果是低温季节（水温低于20℃）还需要按每立方米水体使用4~5克"鳝宝水霉灵"进行泼洒，以防止水霉病的发生。

(3) 网箱布设时底部没有拉直导致泥鳅聚集受伤　在布设养殖泥鳅的网箱时，多数养殖者也像布设养殖黄鳝的网箱一样，只是上网口拉直，而网底却没有固定。由于泥鳅活泼好动，而且喜欢在褶皱处集聚窜动，非常容易导致泥鳅的头部受伤。因此，布设养殖泥鳅的网箱，还应将网底的四角固定到四角的桩上，尽量保持网底平整，避免出现类似的问题。

二、网箱内外水色出现差异

泥鳅是一类浅水底栖鱼类，在其生长过程中，水质的好坏起着决定性的作用。随着泥鳅网箱养殖模式的逐渐扩大，水质方面的问题逐渐暴露出来，其中最为突出的就是网箱内外水体颜色的差异。网箱内外水体颜色的差异所体现的就是网箱内外水质的变化和差异。

大多数养殖户在利用网箱养殖时，总有一个错误的观点：网箱下放的水体大，水质不易变坏。的确整个水体水质是不容易变坏的，但是在养殖一段时间以后，泥鳅的代谢废物、各种水生生物、残余饵料等慢慢将网布的网眼堵塞，使网箱内外的水体无法进行正常对流，逐渐形成孤立的小水体。网箱内的小水体与网箱外的水体相比较，在很短时间内就会出现明显的色差。网箱内的水色比较深，严重的甚至出现发黑（尤其是静水养殖）。此时水体中肥力过剩，水体的溶氧量严重不足，给泥鳅养殖带来一定的危险，而且这样的水体是病菌孳生蔓延的最佳场所，极大增加了泥鳅的发病几率。

由于养殖户的这一错误观点，在养殖过程中忽略了水质调控，从而导致泥鳅减产或者是大量死亡。因此，在养殖的过程中，对网箱内的水质管理也是十分重要的一个环节。我们一般仅依据网箱内水的颜色来判别水质的好坏是不够的，还应根据水色的日变化和水的透明度来确定水质的好坏，并观察网布上面的附着物的多少。在网箱养殖中，如果网布上附着物太多，应当将网布上的附着物及时清理。常用的清理方法是采用水泵抽水进行冲洗，对于没有这个条件的养殖户，也可以使用长柄刷子刷洗网壁的外部。

三、水草管理

　　虽然泥鳅的生长对水草的依赖性没有黄鳝那么强，但是在正常的养殖中使用部分水草遮阴，其养殖效果明显要比不用水草好得多。在网箱养殖泥鳅的过程中，一般建议采用水葫芦（又名凤眼莲、水莲花、水浮莲）、水花生（又名过江藤、革命草、喜旱莲子草）等生命力顽强、生长速度快的水草作为泥鳅的遮阴物。这些水草共同的特点就是生长速度快，即使养殖户在初期下放水草的密度很低（为了达到良好的遮阴效果，一般来说初期水草的下放密度占整个网箱面积的1/5左右为宜），也可以在几个月时间之内铺满整个网箱，在这种情况下，就完全有必要对水草进行合理地管理。

1.初期水草培育

一般来说在每年的3月底、4月初，养殖户就在积极地准备泥鳅的放养工作。这时候由于刚开春不久，水草才从严寒中复苏，刚开始分根，还十分"瘦弱"，需要大量的养分来维持正常的生长。在这种情况下，我们需要对水草进行追肥培育。通常采用尿素等化肥，但是考虑到化肥对泥鳅的危害，建议大家尽可能地采用腐熟的猪粪、牛粪或直接使用蚯蚓粪进行培育。这样，一方面培育了水草，同时还可以达到肥水的效果。

2.中期水草管理

由于在养殖过程中所选用的水草都是生长速度快、生命力顽强的水草，加上泥鳅本身就具有很强的肥水功能，所以经过短短几个月的生长，水草迅速地将整个网箱铺满，甚至超出网箱的高度，这就会给养殖工作带来诸多不便。主要体现在以下几方面。

（1）水草过密影响观察　在养殖中，对泥鳅的采食情况、健康状况都必须清清楚楚，这就要求养殖户在每次喂食、巡池、打残饵时仔细观察。因为泥鳅与黄鳝不同，在其生病的时候或者对水质不适应的时候不会出现"上草"的现象，而是自始至终都在水中，同时由于泥鳅具有发达的鳍和相当于鱼鳔的充气式肠道，在水中游动方便，所以泥鳅十分好动。如果水草过于密集就会给我们的观察与管理带来不便，而增大养殖的劳动量。

（2）水草过密影响泥鳅的采食　由于沉性饲料在网箱养殖中不便于观察，故在网箱养殖泥鳅的饲料选择上面我们一般多选用浮性饲料。浮性饲料直接投撒在水面即可，一方面方便观察泥鳅的采食情况以及泥鳅的健康状况。饲料浮于水面，泥鳅在采食时全部游出水面，可以清楚看见每条泥鳅的采食。另一方面，方便清理残饵。在水产养殖中"打残"是一道必不可少的程序，也是保证水质和健康养殖的重要前提。当水草过于茂密时，泥鳅无法游出水面进行正常采食——因为整个水面已经被水草全部屏蔽，当然也就无从谈及观察泥鳅了，即使在某些角落可以对其进行投食，却无法清理残饵。

（3）水草过高泥鳅易逃　在夏季，气温高非常适宜水草的生长。网箱内茂盛的水草的高度往往接近箱口甚至超过网箱壁的高度。泥鳅具有非常强的逆水性，在暴雨季节到来以后，泥鳅很容易逆水而上。下雨时经常出现部分泥鳅顺草而上，借助于水草的支撑，逃到网箱外。

基于以上原因，我们将网箱中过密、过高的水草直接从网箱中拔出，以降低水草密度和高度。拔出的水草不可乱丢，因为这些水草具有非常强的繁殖能力，可以在很短的时间内"占领"大面积的水域或者土地。一般将拔出的水草晒干灭活以后再做下一步处理，也可以将其切碎投喂蚯蚓或者用作畜禽的青绿饲料。

3.后期水草越冬

一般养殖业中用于遮阴的水草大都是水葫芦、水花生等比较常见、易于成活的种类。到了每年暮秋初冬时节，气温骤降，霜雪来袭，水草（尤其是水葫芦）的越冬就成了比较大的问题。在2008年1月的雪灾中，湖南、湖北等地的水葫芦几乎无一幸免，全部被霜雪冻死。因此，建议养殖户在开展养殖的同时不要忽略对水草的越冬管理。比较常用的水草越冬方法是将水草集中到某一个或几个网箱或者水泥池，用塑料膜覆盖，一般都可以使之安全越冬。对于气温比较低的北方地区，建议将水葫芦转移到室内或者温室越冬。

第三节　网箱养殖泥鳅的养殖经验和投资建议

网箱养殖泥鳅的设施投入较低，尤其在水的深度超过1米的池塘比较适用，但如果单从设施投入的成本和养殖管理方面来说，网箱养殖的综合成本还是高于池塘围网养殖的。因为一口10平方米的网箱，其购买成本一般就需要60多元，加上支撑的木桩等，一般架设一口网箱的成本会接近100元。假设一个池塘以20口网箱计，其设施成本应该在2 000元左右。搞池塘围网养殖，一般1亩面积的围网成本仅有300元左右。使用池塘围网养殖，一个人可以管理4亩以上的面积，而使用网箱养殖，因为我们在投料、清残等日常管理操作中要对每个网箱一一进行，管理相对就要烦琐一些。因此，建议大家在有条件开展池塘网箱养殖时尽量采用池塘围网养殖方式。确实只有深水池塘条件的再使用网箱养殖。

一、根据水源条件确定网箱密度

虽然泥鳅对环境的适应能力非常强，在一些普通鱼类不能生长的水域都能正常生长，但是泥鳅对养殖水体还是有一个基本要求的。

由于人工养殖泥鳅的投料量比较大，水体颜色变化比较快。如果水体过于肥沃，水体就很容易腐化变质，产生很多的有害物质，严重时也很容易导致泥鳅患病甚至出现死亡，因此养殖泥鳅也不宜盲目地追求过高密度。

对于水源条件非常好随时可以全塘更换池塘水的，将网箱的面积设置到占水面面积的50%左右；对于在养殖旺季能够保证每天更换掉10厘米深度的池塘水的，可以考虑将网箱的面积设置到池塘水面的30%左右；对于只能靠天下雨才能换水的，则只能在池塘中设置占水面面积10%~20%面积的网箱。

二、对深水池塘或水位不稳定的池塘采用浮式网箱

在一些水位落差比较大的河流、水库、湖泊开展网箱养泥鳅，最好采用浮式网箱的方式开展泥鳅养殖。在洪水频发的池塘，由于洪水期间容易淹没池塘，导致泥鳅逃跑，给养殖者带来巨大的经济损失。使用浮式网箱养殖泥鳅，网箱始终漂浮在水面，水位上涨不会危及养殖安全，是水位不够稳定地区的首选养殖方式。对于水位深度超过2米的池塘，通过打桩的方式来固定网箱会比较困难，也可以采用浮式网箱的养殖方式。

浮式网箱的安放方式与网箱养鱼非常相似，只不过是将养鱼的箱体换成了养殖泥鳅的网箱。其简易的架设方法为：使用较粗的竹竿或杂木木棒，用铁丝捆绑成长宽与网箱相同的方框，在方框的四角绑上自制的角铁支架，便于挂上网箱的四角。支架的高度不低于70厘米，以便能将网箱的水面部分全部支撑起来。制作时一般将多个方框连在一起，把两排方框并列成为一组，组与组之间留1米左右的间隙，方便搭建人行过道或留出撑小船进入的水道。为了能够支撑人在过道上面行走，在过道下面一般使用废旧的油桶等漂浮物进行搭建，养殖户为了节约成本，一般都没有设立人行过道，而将其水面空出，采用撑小船的方式进入网箱区域，开展养殖的日常管理。

由于浮式网箱全部漂浮在水面，遇到刮风或发洪水，很容易被整体刮走或冲走，因此也应采取一定的措施将其固定在一定的区域内。养殖户一般采取向岸边拉钢绳的方式对浮式网箱固定。为了防止大风刮翻网箱，搭建浮式网箱是应注意水面上的网箱高度不应超出1米，而且不要使用网眼太小的网布，以增大抗击大风的能力。

从投资成本方面考虑，浮式网箱在支架方面比固定网箱的费用稍大，但由于浮式网箱是漂浮安放在水面较大的水库等水域，水质更为清新，同时在泥鳅的吃食生长旺季我们还可以每隔一段时间移动一下网箱，使网箱的水体环境更为优良。浮式网箱的安放一般都离水岸有一定的距离，防止敌害和防盗效果都很好。更为重要的是，浮式网箱能从根本上避免洪水淹没网箱，为养殖者顺利开展养殖提供了安全保障。因此，多一点投入也是值得的。

三、尽量使用人工繁殖苗

使用人工繁殖苗来开展养殖，解决了我们的泥鳅苗种来源，更为重要的是使用人工繁殖的小苗来开展养殖，在泥鳅苗的投资上要小很多，泥鳅的增重空间大增，养殖效益明显比收购野生泥鳅高得多。这些道理我们在前一章已经给大家讲得比较清楚,这里就不再重复。需要告诉大家的是:由于野生泥鳅相对于人工繁殖的泥鳅而言,其"野性"更强,投入网箱后,其蹿跳会更加剧烈一些,这样就比较容易被网布擦伤身体出现疾病甚至死亡,这也许就是利用网箱养殖野生泥鳅没有池塘成活率高的原因之一。因此,在使用网箱养殖泥鳅时,我们最好选择人工繁殖生产的泥鳅苗。

第三章

稻田养殖泥鳅实例

据有关资料介绍：我国约有水稻田2 446万公顷（约3.7亿亩），其中在目前条件下可养鱼面积约为1 000万公顷（1.5亿亩），但目前全国已养殖稻田面积仅占1/10，进一步开发的潜力很大。种养模式由于得到政府部门的大力提倡和推广，现在各地的稻田养鱼发展非常迅速。有一定水源条件的稻田在种植水稻的同时，适当进行鱼类套养，可以明显提高水稻田的种养效益。由于各地养殖者在稻田中普遍放养传统的"四大家鱼"，养殖出的鱼类经济价值不高，加上亩产量仅为80~100千克，虽然从效益来算，1亩田可以增收几百元，但由于稻田放养鱼苗后还得有投料、管水、防盗等人力付出，在青壮年大量外出务工、农村只剩下"老弱病残"的今天，这样的效益似乎还不能激起农民的积极性。在一些地区，政府有相应补贴时大家都积极开展稻田养鱼，一旦补贴停止了，农民开展的稻田养鱼也就基本结束了。随着高效益特种水产养殖的逐步发展，稻田养殖也由传统的稻鱼型发展为稻蟹型、稻虾型、稻虾蟹型、稻鳝型、稻鳅型。在发展稻田养殖多种水生动物的同时，不少地区还开展了稻田种植莲藕、茭白、慈姑、水芹等与水产养殖结合，由单品种种养向多品种混养发展，由种养常规品种向种养名特优新品种发展，从而提高了产品的市场适应能力，而且提出了水田半旱式耕作技术和自然免耕理论，使稻田养殖向立体农业、生态农业和综合农业的方向发展。

第一节　稻田养殖泥鳅的具体方法

近年来受泥鳅市场价格的影响，稻田养殖泥鳅也发展迅速，仅河南范县目前就有稻田养殖泥鳅面积近2 000亩，一般亩产泥鳅300千克以上，亩利润在5 000元以上。所养殖的泥鳅直接通过天津出口到韩国、日本及东南亚等国家和地区，在国际市场深受欢迎。

我国稻田众多，利用稻田开展泥鳅养殖具有得天独厚的条件。为了帮助大家开展稻田养殖泥鳅，现将稻田养殖泥鳅的技术方法介绍如下。

1.养殖田块选择

选择水量充足、排灌方便、雨季不涝的田块；要求水质清新无污染；土质以保水力强的壤土或者黏土为好，而且肥沃、疏松、腐殖质丰富，呈酸性或中性 (pH值为5.5~7.0)；地势平坦，坡度小；单块稻田面积不宜太大，在管理投入基本相同的情况下，面积过大给生产上带来管理不便，投饵不均，起捕难度大，影响泥鳅产量，地块面积以1~3亩为宜，最大不宜超过6亩。

2.稻田的改建

稻田养殖泥鳅必须保证田埂的高度和底宽都在50厘米以上，对于田埂较窄或高度不够的应首先进行加固。对于洪水期间会导致田埂漫水或田埂较窄泥鳅容易钻洞逃跑的，可以参考前面池塘围网的方式在稻田的四周进行围网防逃。对于田埂比较牢实且宽度较宽，泥鳅几乎不可能逃逸的田块，则可以直接用来开展泥鳅养殖。利用稻田开展泥鳅养殖，须在稻田内开挖养殖泥鳅的"鱼沟"，一般沟宽为0.5~1.0米，深度为30~50厘米。整个稻田的"鱼沟"由围边沟和中间的"十"字沟或"井"字沟组成。一般"鱼沟"的面积占稻田面积的10%~15%。对于没有设置围网的稻田，应在稻田的进水口和排水口分别设置一个围栏，防止泥鳅逃跑。稻田开沟的具体方式可以参考图3-1和图3-2。

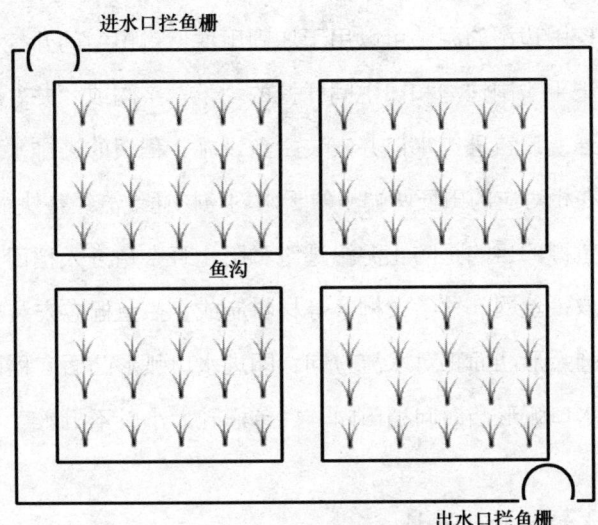

图3-1 "十"字沟的开沟方法

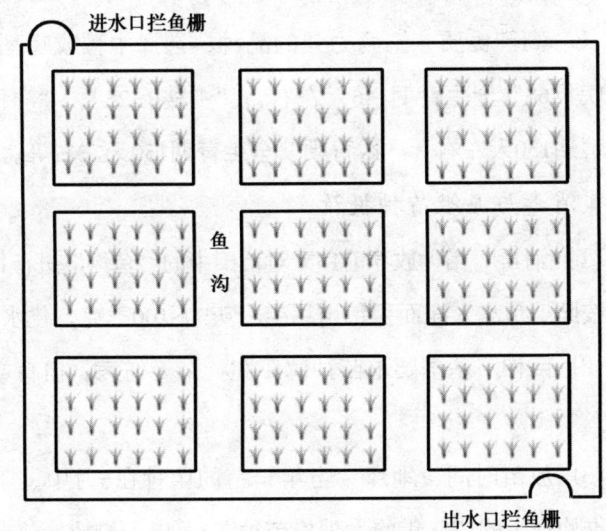

图3-2 "井"字沟的开沟方法

79

开挖围边沟的泥土可以用于加固田埂，对田中间开挖出的泥土应耙平。围边沟和田中间开挖的"十"字沟或"井"字沟进行连通。设置进排水口并安装拦鱼设施，稻田的进排水口尽可能设在相对应的田埂两端，便于水均匀畅通地流经整块稻田。安排拦鱼栅的目的是防止泥鳅逃跑和阻止野杂鱼进入稻田。拦鱼栅可取铁丝网、竹条、柳条等材料制成。拦鱼栅应安装成圆弧形，圆弧形凸面正对水流方向，即进水口弧形凸面向稻田外部，排水口弧形凸面向稻田内。拦鱼栅孔大小以不阻水、不逃鱼为度。

3. 水稻品种的选择

种植的水稻应是耐肥力强、矮秆、抗倒伏、分蘖力强、生长期长、高产优质、抗病力强的品种，选择中稻或晚稻为宜，如"皖稻68"全生育期146天左右，"中糯9-25"、"淮稻6号"全生育期150天左右，"武育粳"全生育期150天左右等。

4. 消毒与泥鳅苗种投放

（1）消毒　苗种放养前15天对稻田中的"鱼沟"进行彻底消毒，按照"鱼沟"净面积每亩用生石灰50~100千克，化水泼洒。

（2）苗种　基本要求苗种体质健壮，无伤病，自育或就近购买。

（3）放苗时间、地点　当年繁殖的苗种在5月中、下旬投放，收购野生的或头年的大规格苗种在3月以后投放，将苗种先放入一段"鱼沟"中暂养 (可以使用围网的方式把泥鳅苗围养在一小段"鱼沟"中)，待水稻栽秧后秧苗返青后，即可撤除围网引泥鳅苗种入稻田。

(4) 放苗规格与密度　当年繁殖苗养殖投放规格为体长为4~6厘米，密度为2万~3万尾/亩，隔年鱼种或收购的体长在8~10厘米的野生泥鳅，密度为1万~2万尾/亩。

5.投喂及日常管理

(1) 投喂要定时、定位、定量、定质投饵　放养泥鳅苗种后，可以采用鲜料开口并驯喂普通鱼饲料，或者直接用泥鳅专用饲料进行开口投喂，每天1次，约占投放时泥鳅苗种体重的0.2% (干料重)，10天后日投饵量逐步增加到1%，20天后增加到2%，每天傍晚投饵1次，开始时均匀撒投于田面，以后逐渐集中到水沟内的固定食场上，这样有利于提高饵料利用率和集中起捕。要勤检查泥鳅的吃食情况，温度低于15℃时，减少投喂量，10℃以下停止投喂；当投饵在2~3小时内被吃完，说明投饵量不足，应适当增加投饵量，如在第2天还有剩余，则投饵量要适当减少。

(2) 日常管理　泥鳅放养后，管好田沟水位是十分重要的一环。水位应根据水稻或泥鳅的需要适时调节，从插秧到秧苗分蘖，田水要适当浅些，以促进水稻生根分蘖，但因泥鳅的不断长大和水稻的拔节、抽穗、扬花、灌浆均需大量水，所以可将田水逐渐加深到12~15厘米，以确保两者 (泥鳅和水稻) 的需水量，这样的水位既能促进水稻的生长，也适宜泥鳅的生长。要注意观察田沟水质变化，一般每3~5天加注新水1次，特别在盛夏季节，每1~2天加注1次新水，以保持田水清新和水位的稳定。另外，要坚持每天3次巡田，观察泥鳅在田中活动、摄食和水稻的生长情况，如发现有不正常现象，应及时采取措施。做好防洪、排涝和防逃工作也是泥鳅养殖成功的关键，所以要经常检查防逃设施，看池埂是否有渗漏，发现时要及时修补，同时要及时清除田埂边的杂草，随时注意天气变化情况，一旦遇有大暴雨，要及时检查进排水口及拦鳅设备是否完好，确保安全，以防鳅逃。

6.施肥与用药

（1）施肥采取多施基肥、少施追肥的方法　插秧前每亩施发酵腐熟的畜禽粪便250千克或尿素5~10千克和复合肥30~40千克作基肥用来繁殖水蚤、水蚯蚓、摇蚊幼虫等天然饵料，促进泥鳅、水稻的生长；水稻插秧后至8月中旬，根据水稻、泥鳅生长情况，每隔15天每亩稻田每次追施5千克左右鸡、猪粪等有机肥作追肥，以培肥水质。也可以使用化肥做追肥，但要掌握用量，以免造成泥鳅中毒现象，几种常用化肥安全用量每亩分别为:硫酸铵10~15千克，尿素5~10千克，过磷酸钙1~2千克，硝酸钾5千克。

（2）泥鳅病害要以防为主，以治为辅 养殖过程中在环沟内每隔20天，每亩用1.5千克漂白粉或15千克生石灰化水遍洒1次，漂白粉和生石灰要交替使用。对于收购野生苗在投放养殖初期的防病处理方法参照前面其他养殖方式进行。

用农药防治水稻病害时，应加深田水，保持秧苗处水深在10厘米以上，选用高效低毒农药，最好选用生物制剂，喷洒时尽量喷在稻叶上，避免药液落入水中，避免造成泥鳅中毒。粉剂类农药宜在早晨带露水时施用，水剂宜晴天露水干后喷施，雨前不施药，严禁使用国家禁用农药和渔药，严格遵照用药量和休药期规定，确保泥鳅和水稻的食用安全。

7.水稻收割

在北方地区，一般是在水稻收割前就开始捕捉泥鳅，但在南方地区，由于水稻收割后还处在水温较高的季节，完全适合泥鳅的吃食生长。为了在收割水稻时不损伤泥池，可以在收割水稻前，将水稻田的水基本排干，只留下"鱼沟"内的水，迫使泥鳅进入鱼沟。水稻收割后再加注田水，继续开展泥鳅养殖。

8.捕捞

最适合捕捉稻田养殖泥鳅的捕捉方式是地笼。在捕捉前排干田水，将泥鳅"赶"进"鱼沟"，在沟内放地笼进行捕捉。由于泥鳅好动，利用进排水冲水对鳅的刺激，通过几次反复冲水，可起捕多数泥鳅，起捕率可在85%~90%。最后排干鱼沟中水，将泥鳅全部集中"鱼沟"的底部,即可人工捕捉。

第二节 稻田养殖泥鳅的常见问题及解决办法

稻田养殖泥鳅具有投资成本低廉、见效快、养殖经济效益高等特点,而且稻田养殖模式具有很大的普遍性和可行性。在水源条件稍好的稻田几乎都可以开展泥鳅养殖。在开展这种养殖模式时,养殖户普遍反映和关心的问题主要包括以下几个方面。

一、稻鳅兼顾

将稻田中的沟壑改造后就可以开展泥鳅养殖。在养殖过程中,养殖户一直都有一个疑惑:究竟是保护水稻还是保证泥鳅的产量。其实从生产的角度上来说,只要保证这一块田能获得最高产量就可以了。所以我们说,开展稻田养殖就是为了搞"稻鳅双赢",也就是说,既要保证水稻的产量,也要重视泥鳅的产出。

1.水稻品种的选择

要想在稻田养殖模式中获得双赢,就必须选择合适的水稻品种。现在我国的水稻品种琳琅满目，有点让人应接不暇的感觉。在此，选择水稻品种时应当注意到这几方面的因素：不同的水稻品种具有不同的生活习性和生理特性，对生长环境的要求也是不一样的，因此在选择时首先因当考虑的是该水稻品种是否适合当地的生长条件。在众多的水稻品种中选择一种最适合当地栽种的品种是获得高产的前提条件，其次再考虑水稻的产量，再次就是所选择的水稻植株的特征是否适合开展稻鳅混合种养。开展混合种养所需要的水稻须具有耐肥力强、矮秆、抗倒伏、分蘖力强、生长期长、高产优质、抗病力强的特点。如"皖稻68"、"淮稻6号"、"武育粳"。

这几个水稻品种都是比较优良的水稻品种，而且这些水稻的适应性比较强，栽种范围比较宽广，非常适合开展稻田养鳅的养殖户选用。

2.鱼沟、鱼坑的面积

稻田养鳅模式在开展养殖前，在稻田中开挖鱼沟是必不可少的。鱼沟大小和多少就成了养殖户在开展养殖时比较容易忽略的问题。其实在生产中只要清楚一点：既要保证泥鳅的活动场所（包括稻谷收割以后），又不能占用大面积的稻田就可以了。我们将稻田中用于排水的水沟适当加宽、加深就可以解决四周鱼沟了，只需要在稻田中间开挖鱼沟。总体来说，只要鱼沟和鱼坑的总面积达到整个稻田的总面积的1/10以上就可以获得非常好的效益。因为泥鳅集中在鱼沟和鱼坑中的时间并不长，大多数时间都在稻田内分散活动，只有在排水晒田以后才会集中在鱼坑和鱼沟中生活。

3.水稻的追肥

要获得水稻的丰收，对水稻进行施肥是必不可少的。自从以化肥为代表的化学农业开始以后，农业生产中化肥几乎成了农业的命脉。每年的生产季节到来以后，化肥销售店门庭若市，前往购买化肥的农民络绎不绝。农家肥几乎没有使用，殊不知，在农业生产中农家肥的使用不仅可以做到生态化生产，还能够获得高产和保护生态环境。开展稻田养鳅，就要求既要保证水稻的丰收，又要保证泥鳅拥有良好的生长环境。我们在开展这一项目时，一般采用对稻田进行多施加农家肥，少用化肥，而且尽可能地采取少量多次的施肥方法，这样就可以有效避免化肥对泥鳅的刺激和产生毒害以及短时间内水质过肥而带来的水体溶氧量剧减的情况发生。

4.排水晒田即稻谷收割以后的泥鳅育肥

在水稻的生长周期中，排水晒田是保证丰收的必要措施。一般来说，每年的7月、8月基本就要开始排水晒田，而此时正是泥鳅采食生长的"黄金时间"。如果这个时候没有做好准备工作，泥鳅就会因为水温过高和密度过高等一系列的环境因素的变化钻泥，进入夏眠状态，停止采食和生长。由于温度比较高，新陈代谢旺盛，体内储存的能量迅速被消耗殆尽，开始出现"掉膘"现象。这对我们后期出售会带来很大的损失。因此，在排水晒田以后我们依然要保证泥鳅有足够的活动空间，需要给它们营造一个良好的生活生长环境。此时，大量的泥鳅积聚到鱼沟和鱼坑中生活，那就要求鱼沟和鱼坑的面积相对比较宽阔，水比较深，所以在稻田改造的时候就要做好这方面的准备。也可以将所有稻田内养殖的泥鳅全部捕捞转移到另外已经收割完毕的稻田中，开展集中育肥饲养。

二、泥鳅的捕捞方法

在稻田养殖泥鳅可以获得很好的效益，但是根据养殖户的反映，捕捞有一定的困难。在此，我们将泥鳅的捕捞方法给大家——介绍。稻田养殖的泥鳅一般在水稻即将黄熟之时捕捞，也可在水稻收割后进行或者直到其停食前捕捞，转移到网箱或水泥池中进行暂养，以便在春节前后价格较高时出售。具体捕捞方法一般有以下几种。

1.网捕

在稻谷收割之前，先用三角网设置在稻田排水口，然后排放田水，泥鳅随水而下时被捕获。此法一次难以捕尽，可重新灌水，反复捕捉。

2.排干田水捕捉

一般在深秋水稻熟时或收割后进行。稻田内的水可分两次缓慢排干。第一次排水让稻田表面露出，泥鳅则会游到鱼沟或鱼坑内栖息。第二次排水在第一次排水后1~2天进行，主要排放鱼沟、鱼坑中的水。当泥鳅集中在鱼坑、鱼沟时，先用抄网将其捕起，再用铁丝制成的抄网连泥一并捞起，除掉淤泥，挑出泥鳅放入容器，最后还可以用手配合翻泥捕尽稻田中的泥鳅。天气炎热时，可在早晚进行。田中泥土内捕剩的部分泥鳅，在长江以南地区可留在田中越冬，次年再养；在长江以北地区要设法捕尽，可采用翻耕、用水翻挖或结合犁田进行捕捉。

3.诱捕

在稻谷收割前后均可进行。晴天傍晚时将田水慢慢放干，待第二天傍晚时再将水缓缓注入坑中，使泥鳅集中到鱼坑，然后将预先炒制好的香饵放入广口麻袋，沉入鱼坑诱捕。此方法在5—7月期间以白天下袋较好，若在8月以后则应在傍晚下袋，第二天日出前取出效果较好。放袋前一天停食，可提高捕捞效果。如无麻袋，可用旧草席剪成长为60厘米、宽为30厘米，将炒香的米糠、蚕蛹粉与泥土混合做成面团放入草席内，中间放些树枝卷起，并将草席两端扎紧，使草席稍稍隆起，然后放置田中，上部稍露出水面，再铺放些杂草等，泥鳅会到草席内觅食。

4.笼捕法

捕泥鳅较为有效的方法是用须笼或黄鳝笼捕。须笼是一种专门用来捕捞泥鳅的工具，与黄鳝笼很相似，用竹篾编成，长为30厘米左右，直径约为10厘米（在实际生产中，笼体还可以适当编长一点）。一端为锥形的漏斗部，占全长的1/3，漏斗部的口径为2~3厘米。须笼的里面放置用聚乙烯布做成同样形状的袋子，袋口穿有带子。鳝笼里边无聚乙烯布。

笼捕在泥鳅冬眠以外的季节均可作业，但水温在18~30℃是泥鳅采食和活动最为旺盛的时候，捕捞效果较好。捕泥鳅时，先在须笼、鳝笼中放入蝇蛆、蚯蚓等有诱食效果较好的饵料，将笼放入池底，每1~2小时左右起笼1次。起笼时，要先收拢袋口，以免泥鳅逃跑。在捕捞前停食1~2天，而且选择在晚上捕捞效果更佳。采用这种捕捞方法，1亩池塘放10~20只需笼或鳝笼，连捕几个晚上，起捕率可在60%~80%。

另外，也可利用泥鳅的溯水习性，用须笼、鳝笼冲水捕捞泥鳅。捕捞时，笼内无需放诱饵，将笼敷设在进水口处，笼口顺水流方向，泥鳅溯水时就会游入笼内而被捕获。

5.药物驱捕

通常使用的药物为茶粕（亦称茶枯、茶饼，是榨油后的残存物，存放时间不超过2年），每亩稻田使用5~6千克。将茶粕干锅炒脆后取出，趁热捣成粉末，用清水浸泡（手抓成团，松手散开) 3~5个小时后即可使用。

将稻田水放至3厘米深度左右，然后在稻田四角设置鱼巢。鱼巢用淤泥堆集而成，巢面堆成斜坡形，由低到高逐渐高出水面3~10厘米。鱼巢大小视泥鳅的多少而定，巢面一般为脚盆大小，面积为0.5~1.0平方米。

一般在傍晚施药效果比较理想。除鱼巢巢面不施药外，稻田各处须均匀地泼洒药液。施药后至捕捉前不能注水、排水，也不宜在田中走动。泥鳅一般会在茶粕的作用下纷纷钻进泥堆鱼巢。施药后的第二天清晨，用田泥围一圈拦鱼巢，将鱼巢围圈中的水排干，即可挖巢捕捉泥鳅。此法简便易行，捕捞速度快，成本低，效率高，而且无污染 (须控制用药量)。在水温10~25℃时，起捕率可在90%以上，并且可捕大留小，均衡上市。

操作时应注意以下事项。首先，药液要随配随用；其次，必须严格控制用量，一定要均匀地全田泼洒药 (鱼巢除外)；最后，鱼巢巢面必须高于水面，并且不能再有高出水面的草、泥堆物。此法捕鳅时间最好在收割水稻之后，而且稻田中无集鱼坑、沟的；若稻田中有集鱼坑、沟，则可不在集鱼坑、沟中施药，并用木板将坑、沟围住，以防泥鳅进入。

第三节　稻田养殖泥鳅的养殖经验和投资建议

据相关报道，贵州省榕江县宰林村农民林世峰2005年有1亩稻田由于实施稻田生态渔业项目，共收入3 388元，除稻谷收入1 260元外，卖泥鳅收入2 128元，除去成本，纯收入3 000元，全家5口人仅此一项人均增收600元。他说，算来算去，还是稻田养鳅好赚钱，泥鳅销路好，鱼贩子都跑到田边来问货。他打算把家里的几亩田全用来养泥鳅。泥鳅的出口也由当初的单一出口到日本，到输往美国、泰国、马来西亚、厄瓜多尔和中东等国家和地区，2007年又成功进入俄罗斯和韩国等国市场。

2007年3月初，榕江县水产站在距县城100多千米的宰林村规划了连片规模的59亩稻田作为示范基地。实施项目涉及32家农户130人，为打消农民朋友资金的顾虑，水产站出资2.2万元购买泥鳅苗和喂养饲料，并指导农户在田埂内侧浇灌水泥做好泥鳅防逃措施。他们在春末将980千克泥鳅苗按密度要求投入59亩稻田中，技术人员经常往返宰林村察看泥鳅生长、喂养情况。省、州水产专家11月到村里测产验收泥鳅高产示范项目。示范点总产鲜鳅7 964千克，比自然产量高7~8倍，产值为12.7万元。

从以上材料中不难看出，采用稻田养殖泥鳅有很大的利润空间，但是材料中所采用的改造方式是不值得推广的。材料中称通过"在田埂内侧浇灌水泥做好泥鳅防逃措施"。这种方式改造1亩稻田所需的成本是利用围网防逃的数倍，甚至10倍以上。初期投入成本过高，同时从材料中所给出的数据可以看出，在泥鳅增重上还是比较理想的（7 964/980，增重7.1倍），但是其下放密度过低（980/59，平均每亩才下放鳅苗16.6千克），导致最终的产出比较低。一般来说，采用稻田养殖泥鳅的下放密度是每亩8~10厘米的鳅苗0.8万~1.0万尾，折合质量约为32~40千克，比其高出1倍，效益上可以获得6 000元左右。

第四章

水泥池养殖泥鳅实例

第一节　水泥池养殖泥鳅的具体方法

水泥池养殖泥鳅的历史几乎与养殖黄鳝是同步的，我们在收购黄鳝养殖的同时，经常会同时收购到一些泥鳅，由于黄鳝和泥鳅不便于混养，所以我们在很早以前就曾开展过水泥池养殖泥鳅的实验。由于多年前泥鳅价格非常便宜，养殖泥鳅很难体现出具体的经济效益，所以更多的时候我们是把顺便收到的泥鳅直接上市卖掉。2008年大众养殖公司的技术人员秦丙杨在湖北仙桃分公司的实验场内，利用繁殖黄鳝小苗的空池开展泥鳅养殖，取得了一些实践经验，现将水泥池养殖泥鳅的具体方法介绍给大家。

1.养鳅水泥池的选择

由于近两年建筑材料和工价的不断上涨，所以我们不建议大家尤其是初养者大面积修建水泥池来开展泥鳅养殖 (因为养殖泥鳅已经有多种比较经济的养殖方式，养殖者有充足的选择余地，一般没有必要把大量资金压到水泥池上)。对于只是想利用庭院开展少量养殖的养殖者，也是可以参照这种方式的技术方法来开展的。养殖者可以利用一些现成的甲鱼池、鳗鱼池等其他水泥池来开展泥鳅养殖，只要水泥池的大小在20平方米以上，池深在100厘米左右，蓄水深度在50厘米以上，均可用于泥鳅养殖。进出水口以铁丝或塑料网片进行拦挡，防止泥鳅外逃。对于有空余黄鳝养殖池的，虽然池深度略显不足，但池口做了探头砖，有一定的防逃能力，也是可以使用的。由于黄鳝池面积一般为10平方米左右，池面积较小，如果池壁粗糙，泥鳅入池后容易受伤感染，应先将池培肥让池壁光滑，池中水草投放可增大至2/3左右面积，水草以水葫芦为好。在面积较小的水泥池开展泥鳅养殖时，必须使用人工繁殖的泥鳅小苗 (野生泥鳅由于窜动比较厉害，很容易受伤，在小水泥池中是很难养殖成功的)。

比较理想的养鳅水泥池面积一般为100~200平方米，池深为1米左右，池壁用砖或石砌成，水泥光面。为防止泥鳅外逃，水泥池的池口应高出地面30~50厘米左右，可建成地上式或半地上式，防止雨天地面水流入池内泥鳅逆水外逃。池底做成水泥底或泥底均可，应设独立的排、溢水口。池底应向排水方微微倾斜，以利换水时能排尽池水。

由于水泥池建造成本较高，一般每平方米的成本约为50~60元，而且水泥池的池底、池壁较粗糙，刚入池的泥鳅不熟悉环境，一般会沿池壁和池底快速游动，造成泥鳅体表受伤，特别是唇部，受伤后的泥鳅很容易感染引发死亡。在没有现成水泥池的情况下，建议采用土池围网、网箱或稻田方式养殖。

2.放养前的准备

在投放泥鳅苗前，有土饲养放入泥土、无土饲养放入水草后，进行杀虫、消毒处理。杀虫和消毒时水不需太深，一般为20厘米左右，方法如下。

①杀虫和消毒可同时进行，每立方米水体泼洒"鳝宝水蛭清"2毫升和"鳝宝杀毒先锋"2毫升，浸泡1天后换水，换入新水后即可投放泥鳅苗。

②采用晶体敌百虫兑水按5克/米³浓度全池泼洒，第二天每立方米水体泼洒2毫升"鳝宝杀毒先锋"，浸泡1天后全池换水，换入新水7天后方可投放泥鳅苗。

水草的投放量以覆盖鳅池的1/2水面为宜。放养苗种前10来天，将池水加深至50~60厘米，在池中洒蚯蚓粪或腐熟的畜禽粪便肥水，让水泥池壁着生青苔、藻类，让池壁光滑而不至于泥鳅入池后造成体表受伤。放泥鳅前一天将池水放掉并清掉池中杂物，换成新水即可。

3.放养密度

投放收购的野生泥鳅或头年的鳅苗，一般每平方米放养1.0~1.5千克，当年繁殖的体长4~5厘米的鳅苗，一般每平方米可放养400~500尾。如果水源充足，换水条件好，泥鳅苗的投放密度可适当加大。

4.饲养投喂

在水泥池养殖过程中，饲料最好以配合饲料为主，动物性鲜料为辅。为使泥鳅的长势与良好的环境基础达到最佳的协调，饲料的营养成分必须与泥鳅的最佳生化转化率尽可能达到精确的配比。除了可购买专用全价配合饲料或鲤鱼饲料之外，也可自己配制配合饲料，如小麦粉50%，豆饼粉20%，菜饼粉10%（或米糠粉10%），鱼粉10%（或用蝇蛆粉、蚯蚓干、蚕蛹粉代替鱼粉），血粉7%，酵母粉3%。自制配合饲料须将原料搅拌均匀，饲料和水的比例为1:1，并用制粒机制成条状或颗粒。有条件的也可以直接购买成品饲料进行投喂。当然最好的方式还是直接购买配合饲料用来养殖比较方便（目前国内已经有多家厂家生产泥鳅专用饲料，如果没有也可以购买鲤鱼料等其他鱼类的饲料来代替泥鳅饲料进行养殖）。

投喂泥鳅的动物性饵料要适口、新鲜，可选择当地数量充足、较便宜的饵料，这样不致使饲料经常变化造成泥鳅阶段性摄食量降低。投喂饲料要坚持"四定"原则："定时"，每天2~3次（08：00、14：00和18：00）；"定量"，根据泥鳅生长不同阶段和水温变化，在一段时间内投喂量（3%~5%）相对恒定；"定点"，每10平方米鳅池设置一个直径50~60厘米的圆形或边长50~60厘米的方形食台，食台采用密眼网布制作，用两根竹片或木条将纱网绷直，通过驯化把泥鳅集中到食台取食。采用浮性饲料投喂泥鳅的，可以不设投料台；"定质"，做到不喂变质饲料，饲料组成相对恒定。每天投喂量应根据天气、温度、水质等情况随时调整。当水温高于30℃和低于12℃时少喂甚至停喂。要抓紧开春后水温上升时期的喂食及秋后水温下降时期的喂食，做到早开食、晚停食。

5.日常管理

开展水泥池养殖泥鳅，除要坚持巡塘检查、观察泥鳅活动及摄食情况等常规管理外，还应注意以下几个方面的管理。

（1）水质管理 使用小水泥池养殖泥鳅的，由于水体小，水质变化快，尤其在吃食高峰期，应每天逐池进行观察水色，并加注10厘米新水，发现水色偏深应及时换水。若水源不足，可以减少甚至不投饲料，并按每立方米水体30~50毫升泼洒光合细菌对水质进行净化。要经常观察水体透明度及水色，如果透明度有降低趋势，则说明浮游植物繁殖过盛，可稍加抑制或换注新水。要防止浮头和泛池，特别在气压低、久雨不停或天气闷热时，如池水过肥极易浮头、泛池，应及时冲换新水。若在清晨发现大量泥鳅浮头、蹿跳时不要轻易增氧，可拍掌惊扰，如果泥鳅顷刻入水则属正常，如果"无动于衷"，则须立即加注新水或增氧。

(2) 水温管理　水泥池的池水较浅。池水经太阳照射水温很容易升高，因此在夏季高温季节，最好用竹竿搭简易棚架，然后覆盖遮阳网进行遮阴，一方面降低水温，同时也方便白天投喂 (若光线过强，尤其是投喂浮性饲料，泥鳅不大愿意出来取食)。

(3) 投食管理　水泥池养殖泥鳅，一般每天投喂两次，早上在天亮前投喂较好，晚上在光线较暗 (没有强光照射) 时投喂，早上少投 (占全天总量的30%)，晚上多投 (占全天的70%)。白天投喂后2个小时左右检查吃食情况，清除残饵并将食台放到太阳下曝晒。使用黄鳝池养殖泥鳅的，由于黄鳝池较浅，有阳光照射的白天投喂饲料，泥鳅一般不会取食，此时因注意进行遮阴 (使用遮阳网或其他遮阴物)，处理得好，每天甚至可以投料4次以上，对于防止泥鳅过度采食出现胀死和提高泥鳅的总采食量、提高增重效果都是很有帮助的。

(4) 水草管理　泥鳅池内的水草不宜过多，以免影响饵料投喂和观察泥鳅的活动，一般以控制在水面的40%以内为宜，对过多的水草要予以去除。有水葫芦的地区，养鳅池应尽量选择水葫芦，以方便平时清除多余水草（水花生生长中互相交错成团，不好清理），在没有水葫芦的地区可以用个体较大的浮萍或水浮莲、水白菜等漂浮植物代替。

(5) 消毒及防病　一般每隔15天使用"鳝宝益碘"和"鳝宝杀毒先锋"进行交替泼洒1次，用量为每立方米水体2毫升。每个月投喂3天药饵，分别为"鳝宝肠炎灵"、"鳝宝血炎康"和"鳝宝病毒灵"，每天投喂1种，持续投喂3天，用量按说明书用。

(6) 越冬管理　泥鳅对水温的变化相当敏感，当水温下降到15℃以下时，其食欲减退，生长缓慢，此时应挑选那些膘肥体壮个头又大的无病无伤的成鳅做亲鱼，并在水温降至12~13℃时（泥鳅即将停食）放入越冬池越冬。未达到上市规格的泥鳅，作为大规格鱼种也在这个时候放入进越冬苗种池里去越冬。当水温下降到6℃以下，泥鳅便钻入泥中呈不食不动的休眠状态。在自然界中，休眠中的泥鳅由于体表可以分泌黏液，使体表及周围泥土保持湿润，即使休眠1~2个月不下雨也不会死亡。

在我国除南方的大部分地区，泥鳅的越冬期一般长达2~3个月。越冬前做好泥鳅的育肥工作，越冬期要做好防寒、保温工作，确保严寒到来时泥鳅不被冻死。

①越冬前的准备。在泥鳅越冬前，必须加强育肥饲养管理，使泥鳅积蓄足够的能量，安全度过冬季。

一般从9月开始水温逐渐下降，泥鳅的摄食量会有所减少，此时多投喂一些营养丰富的饲料，尽量让泥鳅长到"膘肥体壮"。随着水温的下降，泥鳅的摄食量有所减少，应逐渐调整投喂量。当水温降至15℃时，仅需投喂泥鳅体重的0.5%~1.0%的饲料即可；当水温降至10℃以下时，可停止投喂或选晴天的中午进行少量投喂，同时可适当加深池水防止池水结冰。

②南方越冬的管理。在南方冬季不结冰或50厘米以上池水不会结冰的地区，可以采用自然越冬的方法进行越冬。在低温到来时，加深池水至70厘米左右进行自然越冬即可。在冬季若池内水草被冻死出现腐烂，引起池水变坏，应予换水，以免引起泥鳅死亡。

③越冬管理。在北方寒冷地区，可以将池水尽量加深，并使用土池越冬 (必须保证池底有30厘米以上的土层)。若使用无土水泥池越冬，应覆盖塑料棚予以保温或将泥鳅移到温室进行保温越冬。采用土池室外越冬，若气候寒冷时，应严防池水结冰，如果结冰，应及时敲破。由于泥鳅钻入底泥的密度较大，需要溶解氧较大，一旦水体结冰，时间过长就容易造成危险。

第二节　水泥池养殖泥鳅的常见问题及解决办法

水泥池养殖不仅适合利用废弃的甲鱼池等场所开展泥鳅养殖，对于打算利用庭院等小块地方开展小规模泥鳅养殖也是很好的养殖方式。但由于使用水泥池在环境上还是有别于其他养殖方式的，不少养殖新手更是容易出现一些养殖问题，在此我们把最为常见的问题及其解决方法介绍如下。

一、鳅苗在新池中容易出现死亡

水泥池在新池建成初期，放养的泥鳅常出现大量死亡。经过观察，在死亡的泥鳅中部分有伤，主要受伤部位在其头部，也有部分没有明显的伤痕。通过分析得出以下结论：新池脱碱不彻底和池壁粗糙。

1.新池脱碱不彻底

由于水泥等建筑材料的作用，新建的水泥池往往碱性很重，若不采取措施将其除掉，直接放入泥鳅将有可能大量死亡，严重者出现全池死亡，所以我们应在水泥池修建完工并基本干透后，进行脱碱处理。

（1）清水全池浸泡7~10天　将新修的水泥池中加满清水，连续浸泡1周以上，基本可以完全脱去建材扩散出的OH⁻。这种方式已被广大养殖户广泛采用。因为这种方式是最经济、最简便、对池体损伤最小的一种方式。

（2）食醋或冰醋酸兑水浸泡　若急需使用，也可按每1立方米池水泼洒食醋0.5千克或冰醋酸10毫升，浸泡1天左右即可。这种脱碱方式具有速度快的优势。醋酸对水泥池具有腐蚀作用，因此在时间允许的情况下建议大家采用第一种方式进行脱碱处理。这样既节约成本，又养护了水泥池。

（3）检测pH值　从泥鳅的生理特性和生活习性可以知道，其正常生活的pH值范围是6~8即可。因此，在浸泡完后充分刷洗池壁，换入新水过半天以后检测pH值。我们通常使用pH试纸进行检测，若pH值为6~8，或者直接投放几尾泥鳅、小鱼在池子中，12小时以后观察，若泥鳅正常生活，说明脱碱成功，可以进行正常投产。若pH值高于8或出现泥鳅、小鱼死亡，说明不合格，则需继续浸泡。

在脱碱中切忌急于求成，不等脱碱完成就盲目投产。只有经过完全脱碱处理后的水泥池才可以大量投产，否则给养殖户带来的损失是不可挽回的。

2.水泥池的池壁不光滑

在新池中养殖泥鳅，经常出现泥鳅受伤或者因受伤而死亡。这主要是由于水泥池内壁粗糙，加之泥鳅对陌生环境的应激反应和天生好动的生理习性，在粗糙的水泥池内壁上擦伤所致。最致命的部位就是头部受伤。因此，在水泥池修建的过程中就一定要将水泥池内壁弄光滑，在脱碱以后要保持水泥池内壁光滑。

（1）修建光滑的内壁 在池壁修建完成以后，我们一般都采用纯水泥浆把内壁再反复涂抹上几次，直到池壁光滑为止。在有条件的地方，甚至可以给池的内壁贴上墙砖或者地砖，这样就可以使之光滑，大大降低擦伤的几率。

（2）肥水浸泡 在水泥池经脱碱处理完成以后，再在池内加入经培肥处理水进行浸泡，直至池内壁长出青苔，这样也可以使水泥池内壁光滑，减少泥鳅在池壁上的摩擦，又可以培养大量的浮游生物，供给泥鳅生活生长的需要。

通过以上两种方式均可以解决水泥池内壁粗糙的问题，提高泥鳅的成活率。在实际生产中，从成本上来说，一般采用纯水泥反复涂抹后使用肥水浸泡的方式来进行处理，这样处理后的效果和前面采用贴墙砖或贴地砖的效果几乎是一样的。

二、使用小型水泥池养殖泥鳅要特别注意水质管理

在使用小型水泥池开展泥鳅养殖时，由于水体较小，加上养殖池有多个，养殖者很容易忽视水质管理。在集约化养殖泥鳅时，一般养殖密度都比较高，由于泥鳅大量采食，其排泄物及残饵很容易使水质产生变化，而水质一旦变坏，就很容易产生一些有害物质 (如硫化氢、亚硝酸盐等)，导致泥鳅发病甚至出现死亡。

养殖池内的水的颜色最好是淡绿色 (绿豆汤的颜色)，一旦出现深绿色，我们就要及时加注新水，以避免水体出现变质。对于刚刚接触养殖的新手而言，可以直接将水体保持在淡绿色即可 (水色出现变化后立即换掉全池水的1/3)，以后逐步掌握了鳅池水体变化规律后再根据其变化的周期来确定具体的换水时间。

据养殖户反映，每隔10天泼洒1次生石灰澄清液并结合泼洒光合细菌可以有效延长换水周期。使用方法为：按鳅池水体总是每立方米水体称取20~25克生石灰，将其放入多余生石灰10倍重量的水中融化 (放入后会大量发热，注意使用耐热容器并注意操作安全)，稍加搅拌，静置几分钟取上面的澄清液进行泼洒。然后按每立方米水体泼洒30~50毫升光合细菌菌液。

第三节　水泥池养殖泥鳅的养殖经验和投资建议

根据目前的建筑材料和人工的价格水平，建造泥鳅养殖池的成本是比较高的 (一般50~60元/米²)，所以我们建议大家尽量采用闲置的养鱼池或其他水泥池来开展。对于部分有意开展庭院养殖或仅做小规模试养的，可以少量建造水泥池来开展泥鳅养殖。

水泥池是繁殖和培育泥鳅小苗比较理想的场所，养殖户在开展泥鳅繁殖时，最好建几口水泥池 (一般10~20米²/口比较合适)，在培育小苗完成后，再利用水泥池养殖泥鳅，这样就充分利用了水泥池，使投入和回报达到了一个更加合理的水平。

我们不主张大量修建水泥池来开展泥鳅养殖主要是从投资与回报方面来考虑的。假如建造1 000平方米的水泥池来养殖泥鳅，其设施投入就应该在7万元左右。若是采用池塘围网自繁自养苗种的话，完全可以够2亩养殖面积的所有养殖费用了。养殖户开展养殖的目的是为了实现经济效益，所以我们应该尽量选择投入比较小的养殖方式，以降低养殖成本 (同时也是降低养殖风险的途径之一)，尽快实现养殖效益。

第五章
泥鳅自繁自养实例

目前全国的泥鳅养殖状况是收购野生泥鳅来开展养殖的比较普遍，由于技术等原因，开展自行繁养的养殖户还不多见。收购野生泥鳅在江苏等地形成了很大的规模，但这种养殖模式的苗种投入量大，养殖中的饲料消耗大，养殖成活率不高，严重制约着我国泥鳅养殖的发展。在南方地区，很多地方的捕捉者不是采用笼捕的方式捕捉野生泥鳅，其捕捉方式对泥鳅的身体损伤较重，用于养殖成活率非常低，变相增大了养殖的成本。如果照搬江苏的泥鳅经营模式，虽然南方地区的泥鳅售价较高，但也很容易导致没有效益可言甚至导致严重的亏本。

开展泥鳅养殖首先就要解决好苗种的问题，成功开展泥鳅苗的繁育是很多地区开展泥鳅养殖的首要前提，也是目前实现高效益养殖的重要途径。

　　四川简阳市大众养殖公司泥鳅繁殖场经过引进和自行实践，在2008年成功实现泥鳅的自行繁殖和养殖。当年5月初繁殖的泥鳅小苗养殖到冬季达到了平均体重20克左右的高水平，为各地养殖者开展自繁自养树立了很好的榜样。自行繁殖培育泥鳅寸苗12万尾，所花成本不足3 000元，而采用传统的收购野生泥鳅用于养殖，若要达到亩产2吨，就需要收购野生泥鳅1 000千克，苗种投入需要14 000元左右，自行繁殖所花成本比收购野生泥鳅可以节约苗种投入10 000元以上，大幅度降低了养殖风险，更有利于开展高效益养殖。为了帮助附近的养殖者解决泥鳅苗种问题，2009年初大众养殖公司新建了泥鳅加温繁殖池，把泥鳅苗的生产比常温下提早了1~2个月，为养殖户顺利实现当年养殖当年上市提供了充足的时间保证。截至2009年4月该繁育场已经收到养殖户预定的超过2 000万尾，已经顺利提供上千万尾小苗。对于当地尚没有泥鳅小苗培育场的地区，养殖者可以自行建一个小型的苗种繁育场，不仅可以生产小苗来满足自己的养殖，培育繁殖和培育小苗出售也可以获得非常可观的经济效益。为了帮助大家了解泥鳅小苗的繁育技术，我们在这里就将该技术的操作过程详细介绍给大家。

第一节　泥鳅自繁自养的具体方法

泥鳅的怀卵量较高，一般体长8厘米个体怀卵量在2 000粒以上，体长15厘米以上个体怀卵量多在1万多粒，并且当年繁殖的泥鳅小苗养殖到冬天就可以达到上市规格，因此开展泥鳅自繁自养具有技术比较简单、繁殖成本低、投资见效快等优点。随着野生泥鳅苗种的逐年减少和价格逐渐上涨，采用自繁自养解决泥鳅苗种来源将成为主要的养殖方式。

一、繁殖亲鳅的选择

亲鳅来源一是从专业养殖场购买，二是从越冬池中挑选亲鳅，三是从稻田、池塘、沟渠、河川等水体中捕捉。

选择亲鳅必须体质健壮、体型端正、体色正常、无伤无病的雌雄亲鳅。亲鳅的个体要大些为好，雌鳅要求体长在15厘米以上，体重在20克以上，腹部膨大，富有弹性；雄鳅体长在10厘米以上，体重在15克以上，行动活泼。

雄鳅个体较小，背鳍末端两侧有肉质突起；雌鳅个体较大，背鳍末端正常，产过卵的雌鳅腹鳍上方躯体有灰白斑点的产卵记号，未产卵的个体则没有此斑点。雄鳅胸鳍较长，第二枚鳍条最长，游离端为尖形，尖部向上翘，似镰刀；雌鳅胸鳍较短，前端圆钝呈扇形展开。雄鳅排精前腹部不肥大且较扁平；雌鳅产卵前腹部圆而肥大，且色泽变为略带透明的粉红色或棕红色。

用于繁殖的泥鳅品种可以是大鳞副泥鳅，也可以是青鳅(真泥鳅)，在人工繁殖条件下还可以采用大鳞副泥鳅和青鳅进行杂交繁殖。据实验，使用大鳞副泥鳅的雄鳅做父本，使用青鳅的雌鳅做母本，繁殖出的杂交后代与大鳞副泥鳅的外部特征基本相同。对于种鳅缺乏的地区也可以采用这种方式来生产鳅苗。杂交种的遗传基因不稳定，杂交生产的鳅苗不宜留种，否则后代的外部形态容易变异、畸形多且成活率低。

二、泥鳅的自然繁殖

泥鳅自然繁殖时间，在长江以南一般从4月开始，自然产卵繁殖的高峰期集中在5—7月。北方地区繁殖期会适当推迟。养殖者若不好把握，可以以当地水温上升并稳定在20℃以上的时间来确定当地泥鳅开始繁殖的时间。繁殖池可以是水泥池，也可以是土池，面积以100平方米以内为宜，过大不便于管理。繁殖种鳅在繁殖季节到来前投放，投放种鳅前应先用"鳝宝杀毒先锋"2.5毫升兑1立方米水全池泼洒消毒，2天后可放亲鳅，也可用生石灰消毒，用量按每立方米水体30克生石灰全池泼洒，然后注入新水，7天后可放养亲鳅。每平方米繁殖池放养繁殖种鳅20~30尾，按雌、雄亲鳅1:2或1:3放入池中。保持繁殖池水深40~50厘米即可(气温低时水位偏低，气温高时适当加深)。

当水温上升到20℃左右时，就要在池中放置产卵巢。产卵巢可以用棕片、柳树须根等扎成小把，也可以直接使用水葫芦代替。一般每组种鳅(6条雌鳅)放置一个产卵巢或3~4株根须较好的水葫芦，每个产卵巢相距30厘米以上为好，以免亲鳅群集产卵相互影响。鱼巢后要经常检查并清洗上面的污泥沉积物，以免泥鳅产卵时影响卵粒的黏附效果。泥鳅喜在雷雨天或者水温突然升高的天气产卵。产卵多在清晨开始，至10：00左右结束，产卵过程需20~30分钟。产卵时亲鱼追逐激烈，高峰时雄鳅以身缠绕雌鳅前腹部位，完成产卵受精过程。产卵后，要及时取出粘有卵粒的鱼巢另池孵化，以防亲鱼吞吃卵粒，同时补放新鱼巢，让未产卵的亲鱼继续产卵。产卵池要防止蛇、蛙、鼠、鸟等危害。产过卵的泥鳅应继续留在产卵池中培育，投喂蛋白质含量在30%~35%的适口饵料，以便亲鳅再次产卵。

泥鳅卵粒的孵化可以采用静水充氧孵化，也可以采用微流水孵化，一般水深30~40厘米即可，孵化池上面要使用遮阳网进行遮阴，防止阳光直射杀死靠近水面的卵粒。在水温25℃左右时，鳅卵约1~2天即可孵出幼苗 (温度偏低，孵化时间会延长；温度过高孵化时间会缩短，但孵化率都会降低)，一般受精卵的自然孵化率在80%~95%。

三、泥鳅的人工繁殖

泥鳅的人工繁殖就是通过注射动物激素，使雌雄亲鳅的卵粒和精子发育成熟，并通过人工授精而获得受精卵的过程。泥鳅的人工繁殖具有操作简便、成本低廉、能在短时间内繁殖大量鳅苗且鳅苗规格整齐等优势。我国的水产专家在多年前就曾经开展泥鳅的人工繁殖试验，取得了比较满意的繁殖效果。

1.人工繁殖的时间

在长江以南地区，一般4—9月均可进行泥鳅的人工繁殖。在长江以北地区可以根据当地的水温来掌握繁殖时间，一般水温稳定在20℃以上都可以开展泥鳅的人工繁殖。泥鳅的卵粒是分批发育成熟的，这一特性为我们在一年内开展多批量繁殖奠定了基础。

2.繁殖池的准备

应设立亲鳅培育池，面积可为10~20平方米（池深为0.5~1.0米），也可以使用网箱代替；催产、孵化池面积可为5~10平方米(池深为0.5~1.0米)，也可使用小网箱代替；育苗池面积可为10~

50平方米 (池深为0.5~1.0米)，也可以使用密眼网箱代替。水泥池边、底平整，呈长方形，池边设注排水管道，所有水泥池在使用前进行脱碱，脱碱方法同鳝池脱碱一样。

3.亲鳅的培育

亲鳅培育池在使用前7~10天，在注排水口设铁丝网设置防逃网，每立方米用"鳝宝杀毒先锋"2.5毫升泼洒全池消毒。选择种鳅体长10~30厘米、体重10~50克、体质健壮、无病无伤和性腺发育良好的泥鳅作为亲鱼，按雌、雄比1:2放入培育池中进行强化培育，放养密度为8~10尾/米²。培育期间主要投喂蚯蚓、蝇蛆或动物碎肉、动物内脏等动物性饵料或蛋白质含量在35%左右的人工配合饲料。种鳅在水温10℃以上就要进行投喂，水温在10~15℃时，投喂量为泥鳅体重的0.5%~1.0% (干料重，鲜料按3折1计算，下同)；水温在16~20℃时，投喂量为泥鳅体重的1%~2%，水温在21℃以上时，投喂量占泥鳅体重的2%~3%。种鳅的投喂一般分早晚2次进行，由于泥鳅喜欢夜间觅食，投喂应以傍晚为主 (早上投喂30%，晚上投喂70%)。使用野生泥鳅做种繁殖的，应先培育1个月以上再用于催产，以确保鳅体肥壮。从外地引进的鳅种至少要培育15天以上，让种鳅完全适应了培育的环境后才将其用于繁殖催产。培育期间每周应往池内冲水1~2次，换水5~10厘米，刺激泥鳅的性发育，同时也有利于保持水质清新。

4.人工催产

在水温到20℃以上的晴天，从培育池中选择性腺发育成熟的亲鳅（雌鳅腹部膨大突出，生殖孔外翻，呈鲜红色，轻压腹部有无色透明的卵粒流出。雄鳅腹部柔软，生殖孔狭长凹陷，呈粉红色，有的能挤出浮白色精液）进行人工催产，雌、雄比例为1:（1.0~1.5）。

每尾雌鳅注射促性腺激素释放素A_4（GnRHA$_4$）1.0~1.5微克，地欧酮（DOM）0.2~0.3毫克，雄鳅用量减半。将激素用生理盐水配成溶液，溶液配制按雌鳅需要激素量计算，每尾雌鳅需生理盐水量0.3毫升。催产注射时每尾雌鳅注射0.3毫升溶液（即0.3毫升溶液中含1.0~1.5微克GnRHA$_4$，0.2~0.3毫克DOM），雄鳅注射0.2毫升溶液。采用1毫升注射器和4号针头进行注射，批量催产可采用注射器连续注射，肌肉注射在泥鳅背鳍前下方两侧，针头朝头部方向与鳅体呈45°，插针深度为0.2~0.3厘米。腹腔注射在腹鳍前约1厘米的地方，避开腹中线，使针管与鱼体呈30°的角度，针头朝头部方向。催产注射以下午或傍晚为好，利于第二天上午泥鳅发情产卵观察和操作。注射后的亲鳅放入培育池或密眼小网箱中，观察其发情产卵。亲鳅注射后的效应时间见表5-1。

表5-1 雌、雄亲鳅注射后的效应时间

	水温/℃			
	20	23 ~ 25	25 ~ 26	28 ~ 32
效应时间/小时	18 ~ 20	12 ~ 24	10	6 ~ 8

5.自然产卵、自然孵化

小批量繁殖泥鳅小苗,将人工催产后的亲鳅放入密眼小网箱或小水泥中自然产卵和孵化。采用此方法不需要做孵化器,不用流水孵化,也不用杀掉雄鳅取精液,操作较为简便。网箱网壁和网箱中的鱼巢给泥鳅卵粒提供了充足、良好的附着面,避免卵粒黏连成团,孵化效果较好。

准备密眼小网箱:选网目为70目左右的聚乙烯网布缝制成高40厘米,面积为0.5平方米左右的小网箱,网箱四角缝绳以便安放。

有现成小水泥池的,也可用其作泥鳅产卵及孵化和饲养小苗。

小水泥池和产卵巢(根须较好的水葫芦或棕片等)及安放网箱的池(水泥池、水坑或塘均可用于安放网箱作产卵和孵化和饲养小苗)须提前10天左右杀虫、消毒。消毒采用"鳝宝杀毒先锋"2毫升兑1立方米水泼洒消毒。催产前一天将小网箱拉绳安于池中,网箱入水深度20~25厘米,每口小网箱中放5~6株水葫芦。

　　亲鳅进行人工注射催产后即放入小网箱，每口0.5平方米网箱中投放5条雌鳅和10条雄鳅。一般12小时左右亲鳅即交配产卵(头天下午催产，第二天上午即产卵)，亲鳅交配产卵后将亲鳅全部捞出，捞取亲鳅时尽量不要伤害鱼巢和网布上的卵粒，捞出亲鳅后若发现网底有成团的卵粒，应用瓢舀水轻轻将成团卵粒冲散，避免卵粒粘连导致孵化率低。

　　泥鳅卵粒孵化最佳温度为25℃，当温度较高时应采用遮阳网适当遮阴。当水温为20℃时，约48小时孵出小苗；水温为25℃时，约24小时可以出苗；水温为30℃时，约12小时可以出苗。鱼苗刚孵出时，全长只有3.5毫米左右，吻端具黏着器，鱼苗都黏在鱼巢或网壁上。孵出后8小时左右，苗长约为4毫米，口裂出现，口角有一对须的芽孢，鳃丝露在鳃盖外，形成外鳃，胸鳍逐渐扩大，全身出现稀疏的黑色素。孵出后30多小时，苗长约为4.5毫米，口下位开始活动，口角出现第二对须，胸鳍基部垂直，外鳃继续伸长，胸鳍能来回扇动，体表黑色素增加，孵出60小时左右，苗长约为5.5毫米，黏着器官消失，已能作简单的游动，有须3对，鳃盖扩大，已延伸到胸鳍基部，但鳃丝仍有外露部分，鳔已出现，卵黄囊接近消失。孵出4天左右，苗长为7毫米，外鳃已缩入鳃盖内，卵黄囊全部消失，肠管内可见食物团充积，鱼苗能自由游动。

　　鳅苗孵化出36小时后将其放入池中饲养，随着鳅苗个体逐渐长大，逐步分到其他池或网箱饲养。

6.自然产卵和人工孵化

对于批量繁殖泥鳅苗，一般采用人工催产、自然产卵、人工孵化的方法，这样劳动强度小，需用的繁殖池较少，孵化的小苗易于高密度集中管理。

（1）产卵池　做小水泥池用于泥鳅产卵，面积为4平方米左右，高度为60~70厘米，池底向排水方微斜，利于池水排尽，方便收集卵粒。

（2）产卵网箱　用10多目的聚乙烯网布做小网箱，网箱比产卵池略小，利于安放到产卵池中。泥鳅催产后即放入网箱中，泥鳅产卵后其卵粒会从网眼中漏到池中而不会被亲鳅吞食，也方便收集产卵后的种鳅。

（3）孵化设备　孵化设施和种类较多，生产上常用的有孵化缸、孵化环道及孵化槽等。孵化场所流水应均匀，使鱼卵悬浮于流水中，在溶氧充足、水质良好的水流中翻动孵化，因而孵化率均较高。一般要求壁光滑，没有死角，不会积卵和鱼苗。每立方米水可容卵100万~200万粒。

孵化缸的基本结构为：缸体、排水槽、支架、进水管。

缸体由镀锌铁皮制成。大小可根据需要设计制作。一般高为1米左右；缸上部直径比下部直径大些，形成上大下小的近似圆柱体结构；在与进水管相连处用铁皮制成倒圆锥形结构。

排水槽主要由镀锌铁皮、铅丝和筛布组成。用镀锌铁皮制成圆形的水槽，8号镀锌铅丝为水槽上缘的加强筋；用筛绢制成上口直径56厘米、下口直径72厘米、高10厘米的网罩，与8号镀锌铅丝制成的网罩用锡焊成排水槽的内环。筛绢由60目尼龙丝筛绢或50目铜丝筛绢制成。

支架由镀锌铁管或黑铁管与扁钢组成，尺寸与缸体相配。

进水管一端与缸体相连，另一端直接与闸阀相接，或经橡胶管再与闸阀相通，进水管直径为2厘米。

孵化缸的设计总高不宜超过1.4米。孵化缸太高，不仅不便于操作，也可能因缸太深，当水压不足时，由于水的冲力不够而致鳅卵、鳅苗下沉导致死亡。

孵化缸也可用塑料制作，其结构、形式、外形尺寸可参照应用。

孵化缸由缸底部进水，水流由下向上垂直移动，从顶部筛绢溢出，经排水槽上的排水管排出。

水的流速由散落在水中的鳅卵的浮沉状况来决定。只要鳅卵在缸中心由下向上翻起，到接近水表层时逐渐向四周散开后逐渐下沉，就表明流速适当。如鳅卵未及表层就下沉，表示水的流速太小，反之，若水表层中心波浪涌动，鳅卵急速翻滚，表示流速太快。刚孵出的鳅苗对水的流速要求与鳅卵相同，待鳅苗能水平游动时，水的流速可小些。

鳅卵脱膜时，大量卵膜在相对集中的时间内漂起涌向筛绢，造成水流受堵，此时应用长柄毛刷在筛绢外缘轻轻刷动或用手轻推筛绢附近的水，让黏附在筛绢上的卵膜脱离筛孔，使水流保持畅通。在脱膜阶段必须经常清除筛绢上的卵膜，以免筛孔全部受阻后水由筛绢上口溢出，造成逃卵现象。

催产前将网箱安于繁殖池中，催产前一天将井水抽入繁殖池曝晒，繁殖池水深50厘米，网箱入水40厘米左右，有助于泥鳅卵粒漏到池中而不至于被泥鳅吞食，投入亲鳅前对繁殖进行充氧。一般选择晴天下午17：00—19：00进行催产，催产后将雌雄亲鳅放入网箱产卵，每口繁殖网箱投放亲鳅600尾左右。第二天上午据泥鳅的产卵情况捞出亲鳅，一般中午即可将网箱提出把亲鳅另池饲养。然后用密眼抄网将泥鳅卵粒捞出放入孵化器，将大量的卵粒捞出后打开排水口并用抄网接收余下的卵粒放入孵化器中孵化，孵化器水温与繁殖池水温要求基本一致。

孵化率的高低除与雄、雌鳅成熟度有关以外，还与水质、水温、溶解氧、水深、光照等因素有关。孵化用水尤其是用孵化缸、孵化环道进行孵化的水要求清洁、透明度高，不含泥沙、无污染，不可有敌害进入，pH值为7左右，溶氧量高。河水、水库水、井水、澄清过滤后的鱼塘水及曝气后的自来水、地下水等均可作为孵化用水。

在胚胎发育过程中，受精卵对溶解氧变化较为敏感，尤其在出膜前期对溶解氧要求更高。实践证明，采用提前充气增氧后进行浅水、微流水的孵化效果比深水、静水要好，但在增氧流水时应避免受精卵堆积、粘上泥沙而影响孵化率。

孵化最适水温为25~28℃，水温过低或过高均会影响孵化率及成活率，增加畸形率和死亡率。为避免胚胎因水温波动而引起死亡，孵化用水温度差不宜超过3℃。如果用井水和地下水等，应提前储存在池中，一方面曝气增氧，另一方面可使水温和孵化用水的温度接近。

因泥鳅属底栖鱼类，喜在阴暗遮蔽环境中生活，所以孵化环境应设有遮阴设施，这也可避免阳光直射而引起泥鳅畸形和死亡。

在正常孵化过程中，水流的控制一般采用“慢—快—慢”的方式。在孵化缸中，卵刚入缸时水流只需调节到能将卵翻动到水面中央处即可，这时大约20分钟能使全部水体更换1次。孵化环道中则以可见到卵冲至水面为准，大约每30分钟可使水体更换一次。胚胎出膜后，必须适当增加流水量。当泥鳅苗全部孵化后，水流应适当减缓，并及时清除水中卵膜。当泥鳅苗能平游时水流应再次减小，以免幼弱泥鳅苗耗力过大。

应经常洗刷孵化缸、孵化环道中的滤网，清除污物。在出膜阶段及时清除过滤网上的卵膜和污物。

鳅苗孵出第二天至第三天，将鳅苗从孵化缸中转移到池中饲养。转池前应测量池水温度，一定要让池水温度与孵化缸中水的温度基本一致。

7.人工授精和人工孵化

雌鳅产卵前在前面游，雄鳅在后面紧追，泥鳅发情活动多在水表面。注射催产剂的亲鳅在水温20℃左右，经20小时即可发情产卵。发现有雌鳅产卵，应立刻将亲鱼捞出进行干法授精。用干净毛巾擦干体表水，将雌鳅卵挤入瓷碗、瓷盆或塑料盆中，并立即进行雄鳅取精。因雄鳅精液很难挤出，也可剖腹取精（雄鳅精巢在脊椎两侧，呈乳白色），精巢取出放入研钵内，每尾雄鳅精巢加入50毫升林格氏液或0.75%的食盐水，林格氏液的配方是：在1升蒸馏水中溶入氯化钠7.5克，氯化钾0.2克，氯化钙0.4克。

每尾雌鳅卵配1.0~1.5尾雄鳅精液，用羽毛搅拌，使精液和卵粒混匀，整个授精过程避开强光。充分授精后，加入清水漂洗，再将卵粒撒在鱼巢上，放入孵化池中进行静水或流水孵化。或者将受精卵漂洗数次，然后将受精卵放入孵化器中孵化。鱼巢由洗净的柳树根、棕片、水葫芦根须或小草扎成小束做成，并提前用"鳝宝杀毒先锋"2毫升兑1立方米水浸泡消毒。

孵化前10天，孵化池用"鳝宝杀毒先锋"2毫升兑1立方米水泼洒消毒，把粘满卵粒的鱼巢扎在竹竿架上，用石头坠入水面下，每平方米大约投放2万~3万粒卵。

黏附受精卵的鱼巢可以放在不同容器中进行孵化。静水、流水都可以，但最好是微流水。无论是静水、流水还是微流水孵化，都要保持水质清新，这才是最重要的。每10升水放入5 000粒受精卵，每天应换两次水。有充氧条件的，可以采用充氧孵化，以提高孵化率。

孵化过程中的管理工作很重要，因为泥鳅受精卵的黏着力不强，受振动就容易脱落，沉入孵化器底部而相互黏着成块，这些卵粒容易死掉。因此，应防止孵化用水急剧波动。如在室外使用孵化水槽进行孵化，则要防止因风力而引起的水面波动。在孵化过程中，应将不好的卵粒用吸管及时吸出，以免污染水质。卵粒中白色的卵粒即是不好的卵粒，这些卵是未成熟卵或过熟卵，还有些是受精不良的卵，即卵虽然成熟度较好，但因精子活力不够而受精不良。这些不好的卵在完成人工授精8~20个小时内会变成白色并逐渐发霉，如果黏着在好的受精卵上，也会使好的卵因缺氧而死亡。在除去不好的卵换水时，不要使用温差较大的水。

孵化泥鳅受精卵的水温范围是18~31℃，适宜水温是20~28℃，最适水温是25℃。在孵化过程中，如果水温太高，孵化所需的时间就会缩短，但孵化率就会降低。夏季孵化容器在阳光照射下，水温会超过28℃时，因此需要遮挡阳光。水温与孵化率的关系是：当水温为15℃时，孵化率为80%；当水温为

20℃时，孵化率为94%；当水温为25℃时，孵化率为98%。孵化水温与孵化出来的稚鱼的大小也有很大的关系。当水温在20℃时，孵化出的稚鳅肌节数多，体形最大，而过高或过低的水温会使孵化出的稚鳅体形变小。如果从人工授精过程到孵化过程间的温差大，也会使孵化出来的稚鳅体形变小。

泥鳅的孵化过程实际上就是胚胎发育的过程。泥鳅卵呈圆形，直径为0.8毫米左右，受精后因卵膜吸水膨胀，卵径增大到1.3毫米左右，几乎完全透明。成熟卵为黏性，卵球分化为动物极和植物极。动物极为原生质集中的一端，植物极为卵黄集中的一端。泥鳅的卵子受精后，原生质向一端移动，形成胚盘。

刚孵出的泥鳅苗体长约为2.5~3.6毫米，不能自由活动，用头上的黏液腺吸附在鱼巢及池壁上，3天后开始游动，取出鱼巢，开始投喂。

四、泥鳅苗种的培育

泥鳅苗种培育的好坏直接关系到自繁自养的成功与否，也是自繁自养技术的关键所在。简阳大众养殖公司的技术人员不仅自己从事泥鳅苗种的繁育实践，还多次拜访鱼苗繁育行家，专程向具有泥鳅繁殖实践经验的专家请教，取得了泥鳅小苗培育的第一手经验。

1.行业术语的了解

在鱼苗培育中，我们经常听到"水花"、"夏花"等行业术语，在具体学习泥鳅苗种的培育方法之前，我们先将鱼苗培育中的几个行业术语给大家介绍一下，供初学者了解。

(1) 水花鱼苗　是鱼类早期发育的一个阶段。鱼苗依其孵出时间的长短，一般可分为嫩口苗和老口苗。嫩口苗是指孵化后半天到2天的个体，这时鳔还未出现，体透明，色素较少，尾鳍和背鳍尚未分开。老口苗一般鳔（腰点）已形成，可在水中作水平游动，色素出现较多。在一些鱼苗繁育场，还有一些单位提供开口苗，这也是水花的一种，一般为孵出后3~4天的鱼苗。

(2) 夏花鱼种　鱼苗下池后，经20~30天的饲养，体长为3厘米左右的鱼，因这种规格的鱼苗出塘时一般正值夏季，故称夏花。有的地方称为火片、乌仔、寸片、寸苗等。

(3) 冬片鱼种　夏花鱼种经过几个月的饲养，体长为9~15厘米左右，当年冬季出塘卖给养殖户养殖的大规格的鱼种，故称冬片。

(4) 大规格鱼种　即小苗的个体比夏花更大的鱼种 (苗种)。

2.鳅苗的发育

受精卵经过48小时以后，鱼苗从卵膜内孵出（图5-1，a），全长达3.7毫米，肌节共40节，躯干部有27节；尾部有13节；背部具有稀疏的黑色素。卵黄囊前端上方有胸鳍的胚芽。卵黄囊前端和头部具有孵化腺。吻端具有黏着器官，鱼苗借此使身体悬挂在水草或石块上。血管系统已形成，居维氏管在卵黄前端，比较粗大，因此和水的接触面也较大，起着呼吸作用。

孵出后8.5小时，平均水温为23℃，鱼苗全长达4.1毫米（图5-1，b），全身稀疏地散布较粗的黑色素，眼睛上方边缘也出现少量的黑色素。口裂出现，但上、下颌尚不能活动。口角上第一对触须的芽孢出现。鳃盖形成，鳃丝伸出鳃盖外面形成外鳃，居维氏管缩小，胸鳍逐渐扩大。

孵出后33小时，鱼苗全长达4.6毫米（图5-1，c）。身体上面黑色素增加扩大，头部、背面及两眼间形成几块平板状的黑色素。卵黄囊逐渐缩小，位于卵黄前端的居维氏管也随之缩小，外鳃继续伸长。口下位，开始能够活动，口角出现第二对须，第一对逐渐延长。锄骨上具有细齿。胸鳍基部垂直，能够来回扇动。

孵出后58小时，鱼苗全长5.3毫米（图5-1，d），体侧中线上、下有2行整齐的黑色素。第三对口须出现，须上呈现枝状突起。上颌、下颌及头部的腹面同样出现枝状突起，同时在身体两侧出现许多排列不规则的感觉侧毛（图5-1，e）。鳃盖延伸到胸鳍基部，鳃丝仍伸出在鳃盖外面。鳔已出现。胸鳍明显扩大，鳍褶上形成许多细小的血管。卵黄囊接近消失，鱼苗开始摄食轮虫等食物。黏着器官消失，鱼苗已能游动。

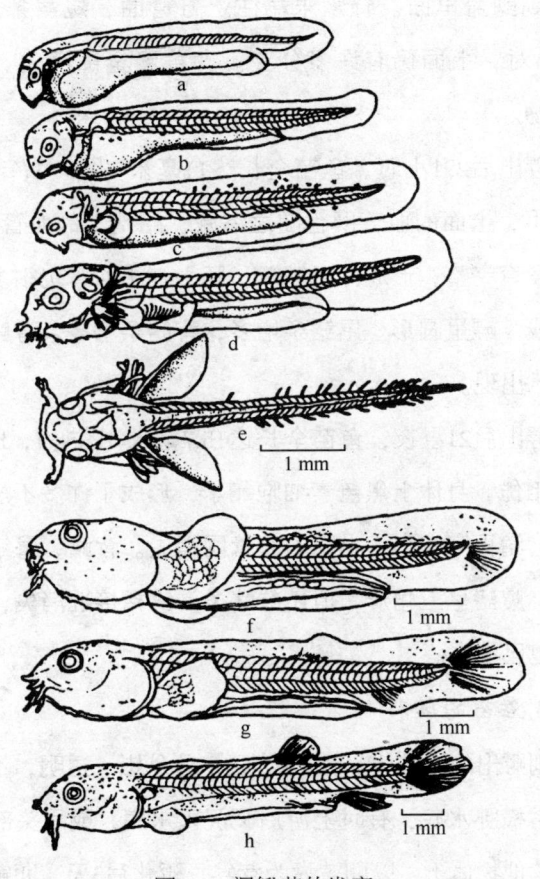

图5-1 泥鳅苗的发育

孵出后171小时，鱼苗全长达8毫米（图5-1，f）。胸鳍极度扩大，长达1.3毫米，上面满布血管，形成血管网，鳍褶上的血管也逐渐增多，肠动脉和肠静脉之间也有许多细小的血管。外

125

鳃缩到鳃盖里面。脊索末端往上方弯曲，尾鳍条开始出现。有须4对，上面仍有许多分支。卵黄囊全部消失，肠管内充满食物。

孵出后291小时，鱼苗全长达11毫米 (图5-1，g)，胸鳍显著缩小，上面的血管网也随之缩减，鳍褶上的血管逐渐减少，鳍已发育完整，形成许多鳃瓣。肠上细小血管仍很多。第五对须生成。鳔呈圆形。尾鳍条增多，背鳍条增多，背鳍条和臀鳍条均已出现。

孵出后21昼夜，鱼苗全长达15.7毫米 (图5-1，h)，形态和成鱼相仿。身体上黑色素细胞靠紧，形成了许多不规则的黑斑点。胸鳍再度缩小，上面的血管网消失。背鳍、臀鳍从鳍褶中分离，腹鳍呈三角形，但还有鳍条。鳍褶接近消失，上面的血管网也已消失。

3.鱼苗的转移

刚孵出的鳅苗体长约3毫米，身体幼嫩、透明，不能自由活动，常横卧水底，有时上游后又沉入水底，或用头部附着在鱼巢和其他物体上，以卵黄囊为营养。孵化后3天，卵黄囊被吸收完，苗已能自由活动并开始摄食，这时可将鳅苗转到培育池中饲养。采用密眼小网箱繁殖的，将网箱淹入水中把泥鳅小苗倒入池中饲养。

采用孵化缸或孵化环道孵化的，将小苗用盆或桶带水一起移入池中饲养，倒苗时应将盆或桶口倾斜贴池水面让小苗游出并慢慢取出盆或桶，切不可从很高的位置将小苗倒下。

鱼苗的转移下池有两种方式，即清水下塘法和肥水下塘法。

(1) 清水下塘法　这种方法多见于繁殖时间较紧未能提前做好准备的养殖户或繁育场。由于池中没有培育浮游生物，鱼苗下池后没有现成的饵料，因此鱼苗投入后就要投喂饵料。

(2) 肥水下塘法　繁殖者在鱼苗下池前7天左右，往培肥池投入蚯蚓粪或腐熟粪肥培肥水质，鱼苗下池时水色已经变为黄绿色，水体中含有大量的浮游生物供小苗取食，弥补人工投饵的不足。

对于初次进行鱼苗培育的学员，我们建议最好采用肥水下塘法培育鳅苗，在开展鳅苗繁殖前，计算好时间，提前培肥水质，对培育健壮小苗非常有帮助。根据我们的经验，培肥水质应安排在注射催产前2~3天进行比较合适。培肥方法为：按每立方米池水施入腐熟的畜禽粪便或蚯蚓粪1.5千克，或按每立方米水体泼洒豆浆100毫升。转移泥鳅小苗前将肥水注入苗池，抽肥水到苗池应将肥水用细筛绢布过滤，防止过大的饵料生物和敌害进入苗池。

孵化出的小鳅苗饲养15天左右应转一次池，避免鳅池滋生大量青苔和敌害（特别是水蚤，即蜻蜓幼虫），影响鳅苗的成活率。转池一般采用吸水法：在出水口接一根PVC管，在管的下方放接一塑料筐（或塑料网），塑料筐浸于一塑料盆中，通过放出池水将泥鳅吸出来，然后将筐中的泥鳅迅速放入新池中。新池应提前洗净曝晒，放苗前一天放入新水，以后视具体情况转池。

转移鳅苗最好选择在气温比较稳定的晴朗无风天的上午进行，若天气不好，应尽可能避免小苗离水，同时调控好2个池间的水温（必须控制水温差在2℃以内），以免鳅苗出现应激反应造成大量死亡。

4.鳅苗的投放

一般静水池每平方米放800~1 000尾，半流水池每平方米放1 500~2 000尾。放养时，同一个池中要放同一天孵出的鳅苗，否则规格相差太大，会出现大苗吞小苗，影响成活率。高密度集中培育泥鳅苗时要安设增氧器冲氧，每平方米可投放2 000~3 000尾，一般养殖10天后再转扩池饲养。池水深40厘米左右。

转移泥鳅苗动作宜轻，为了大约估计小苗数量，投放鳅苗时可采用小量杯计数。其方法是将鳅苗移置入一小网箱中，以小绢网舀入小量杯中，使之装满。以量杯计数必须迅速，倾倒时先将小量杯轻轻浸入水中，然后倾斜量杯，使其平稳，让鳅自行游离。这样可以基本掌握小苗的投放密度。

5.鳅苗的开口

常规的鱼苗开口多采用熟鸡蛋黄、豆浆等，在我们走访的泥鳅小苗繁育场中，不少繁育场也是这样让鳅苗开口的。按照这样的常规方法对泥鳅进行开口，泥鳅的死亡率特别高，特别是采用清水下塘的，一般死亡率可达50%~70%，经有关科研人员解剖并在放大镜下观察，死苗腹中大多没有食物。由此推断，小苗的超高死亡率与使用的开口料有非常密切的关系。虽然使用豆浆、蛋黄浆中的颗粒已经比较细小，但由于泥鳅个体小，小苗的个体比一般的鱼类小得多，难以取食豆浆和蛋黄颗粒。为此，专家建议，泥鳅小苗的开口以使用脱脂奶粉为好。一般商场都有脱脂奶粉（中老年奶粉）出售，养殖者尽可能选择大商场购买，以免购买到假奶粉而导致泥鳅苗营养不良甚至引起大量死亡。投喂量为每1万尾小苗每天投喂0.5~1.0克奶粉。投喂方法：用温水将奶粉冲开搅拌溶解全池匀洒。小苗的开口投喂期为3~5天左右，开口完成后进入正式的投喂阶段，日投喂5~6次。

6.泥鳅夏花鱼种的培育

完成开口的泥鳅小苗一般可以在7天左右长到体长0.6~1.0厘米左右，此时即可正式进行培育。此阶段主要是把鳅苗培育成体长3厘米左右的夏花鱼种，根据培育阶段的不同，具体分为以下几个培育步骤。

（1）蛋黄、豆浆培育期　经过开口培育，鳅苗个体有所长大，此时已经完全可以正常吞食豆浆和蛋黄颗粒了。投喂煮熟的鸡蛋黄，每10万尾小苗，每天投喂1个鸡蛋黄即可。投喂的鸡蛋黄应使用双层纱布进行包裹，浸入水中用手揉搓成浆，然后均匀浇洒投喂小苗。投喂鸡蛋黄3天后，可以在上午补投豆浆或逐步增加鸡蛋黄的投喂量。投喂豆浆时，要全池泼洒，力求细而均匀，落水后呈雾状。投喂量应视池塘肥瘦、施肥情况而定。一般每1万尾鳅苗用豆浆5~6千克。为提高投喂质量，需用水温25~30℃的水把黄豆浸泡6~7个小时，然后上磨磨，一般每1千克黄豆可磨15千克豆浆。磨浆时，要将黄豆和水同时加入，不能磨好后再加水冲稀，否则会产生沉淀。磨好的豆浆要及时投喂，以防变质。少量培育鳅苗的养殖户最好购买1台家用豆浆机（电器商场有售，每台约100多元），同时有加工果汁的功能则更佳，以便用来加工肉浆。蛋黄、豆浆培育的时间大约为7天，此后就应转入到肉浆培育了。

（2）肉浆的投喂　所谓肉浆的投喂主要是使用水蚯蚓、蚯蚓、蝇蛆、轮虫等动物活体，利用豆浆机或打浆机进行打磨成浆投喂。此期间主要以这种营养丰富的动物肉浆投喂，以提高鳅苗的生长，提高抗病力和成活率。打浆时应力求细碎，以确保鳅苗能够取食。有经验的养殖者查看水蚯蚓打浆程度的方法是：用豆浆机打浆时，浆面上浮起的白沫厚度在2厘米以上时，这样的肉浆就达到要求了。当然不同的原料效果会有一些差异，养殖者可以在实际操作中逐步掌握。在用动物活体打浆前，应按每立方米水体7克高锰酸钾的浓度 (水呈粉红色) 对活饵进行浸泡消毒，并用清水反复冲洗干净再用，以免带入病菌导致鳅苗患病。肉浆的投喂期以7~10天为宜。

(3) 配合饲料的驯喂　在规模养殖泥鳅时，我们一般都是用配合饲料进行投喂，所以在泥鳅小苗阶段，我们就应该驯化其采食配合饲料。

投喂鳅苗的配合饲料一般选择蛋白质含量在35%左右的硬颗粒饲料为佳，投喂前先加水将饲料泡软成粉状，然后拌入肉浆进行驯喂。首次加入的饲料量以占投喂量的30%以内为宜，以后视小苗的采食情况逐步增加配合料的比例，直至完全投喂配合料。驯喂期一般为7~10天。

(4) 夏花培育期的相关管理　①水质管理。鱼类生活在水中，尤其是比较脆弱的小苗，管理好水质是预防出现重大损失的非常重要的一个环节。鳅苗培育既要求水质较肥，又要不腐败，养殖者应经常观察池水，掌握好这个"度"。一般的管理经验是：每隔3~5天，按每立方米池水施入腐熟粪肥1.5千克或豆浆100毫升进行培肥水质。每天早上向池内加水5~10厘米，同时排出部分老水。苗池水色以黄绿为佳，颜色偏深时应及时换水，有条件的应在早上进行开机增氧。

②密度管理。早上观察鳅苗，发现大量浮头时应立即换水，换水后仍有鳅苗浮头的，应予进行分池（箱）饲养。使用小抄网捞取部分小苗，移入到其他的培育池（箱）内进行培育。

③水位管理。在夏花鱼苗培育期间，随着鳅苗个体增大，应逐步增加池水深度，以增大苗池的容积。池水的深度可以逐步由最初的40厘米加深到50厘米左右。

④投食管理。在投喂配合饲料前，可以每天只投喂2次（早晚各1次），开始驯喂配合饲料后，应改为每天投喂3次以上。每隔7天抽查一次鳅苗的体重，并据此推算鳅苗的总重量。在投喂肉浆阶段，肉浆的投喂量为泥鳅体重的5%~8%（鲜料重），驯喂配合料后，投喂量掌握在泥鳅体重的3%~5%（干料重）为宜，具体的投喂量应根据天气、水色及鳅苗的采食情况进行调整，以少量多次，吃完不剩为准。

⑤敌害预防。由于泥鳅喜欢到水面活动，鳅苗的个体小，很容易被水鸟等敌害捕食。因此，在整个鳅苗培育过程中，都要严防鳅苗等敌害。如果发现有水鸟等敌害为害鳅苗，应予以及时驱赶，最好是在池（箱）口使用渔网进行覆盖，以确保不被水鸟等敌害侵犯。

经过以上阶段的培育，一般泥鳅苗的个体长度已经可以达到3厘米左右，育苗者在这时就该将鱼苗直接出售给养殖户饲养了。

我们在大量的走访中发现，直接把夏花鳅苗卖给养殖户养殖，其成活率一般都在70%以下，经过长途运输的成活率更低，就地转入大池饲养的也会有程度不同的死亡现象。为此，我们建议大家最好是将夏花鳅苗培育成体长4~6厘米的大规格鳅种后，再投入到商品池塘养殖，以提高鳅苗的成活率。

7.大规格鳅种的培育及转池经验

夏花鳅苗在培育池（箱）经过约1个月的培育，其体长就长到4~6厘米。经实践观察，在方法得当的前提下，这种大规格的苗种经过转池及10小时左右的转运，成活率都很高，长途转运的成活率一般可以在95%左右。其培育和转运的基本方法如下。

（1）培育方法 经过驯食后的夏花鳅苗全部投喂配合饲料后，为了防止泥鳅出现胀死或患上肠炎病，应将投饵次数由原来的3次增加为每天投喂4次。第一次在05：30左右（天亮前），第二次在09：30左右，第三次在19：00左右，第四次在22：00—23：00，投喂量分别占总投喂量的30%，20%，30%，20%。选用硬颗粒投喂的，应选择入水10分钟以上不散的为好，否则应尽可能选择浮性饲料。无论采用浮性料还是硬颗粒料，都要在投喂前先用水进行浸泡，一方面防止饲料膨胀胀死泥鳅，同时也避免饲料的棱角划伤泥鳅的肠道引起肠炎。

（2）转池前的准备 在转池前应停止投料1~2天，并在停食前1天的投料中，按每千克料拌入3~5克"鳝宝金维他"或加倍拌入其他多种维生素；转池前1天按"鳝宝转安康"3克兑1立方米水泼洒，以增强鳅苗的抗应急能力。

(3) 转池及转运方法　原地转池的，可以将鳅苗捞起分别称重后即可投放，称重时应使用塑料桶等容器并尽量只装半桶，不要装得太多，也不要使用编织袋等装运，以免过度挤压引起投苗后大量死亡。就地转运最好选择晴朗无风的天气，在雨天、阴天突然降温天气不要转运苗种。

长途运输鳅苗应根据气温情况灵活掌握转运方法，气温在30℃以下运输最为安全。一般采用塑料桶、竹筐加塑料膜、塑料箱等容器均可装运。容器装运深度不超过30厘米为宜，装运方法为：在容器中先装入相当于容器深度的1/3的清水，再倒入泥鳅，使泥鳅和水的总高度不超过容器深度的2/3为宜。放入苗种后，用手捞干净表面的浮沫，再滴入几滴食用植物油(如菜籽油、花生油等)防止运输途中产生大量泡沫导致泥鳅缺氧死亡。容器口用网布封好防止路途颠簸导致泥鳅逃出。运输途中一般每10~20个小时左右换水1次，每次换掉1/3至1/2即可，具体的换水次数视气温灵活掌握。气温在30℃以上，最好选择早晚凉爽时上路，同时每隔几个小时换水或冲水1次，以降低水温，防止泥鳅被热死。

(4) 转运后的入池处理　刚下塘的泥鳅活动异常，四处游动，经常把塘水搅混，一般第二天要适当换水，尽量改善水质，提高成活率。经过转运的鳅苗，其投放后的防病处理方法与前面介绍的收购野生泥鳅入池后的处理方法相同，这里就不再重复。

第二节　泥鳅自繁自养的常见问题及解决办法

泥鳅苗的繁殖技术方法比较简便，只要方法正确，加上一定的精心管理，就是从来没有从事过鱼苗繁殖的新手也可以很轻易地繁殖出泥鳅小苗来。有一些养殖户由于自身条件等原因，经常也会遇到一些比较难以处理的问题。在此，我们就对一般养殖新手在开展泥鳅繁殖时容易遇到的一些问题进行详细的讲解，希望能够对大家有所帮助。

一、没有种鳅

从事泥鳅的自繁自养，最好是选择生长速度比较快的大鳞副泥鳅，但是对于部分养殖者而言，这也不能方便地通过引种得到。

在手边没有大鳞副泥鳅种鳅的情况下，分布很广（我国南北各大水域几乎都有分布) 的真泥鳅 (青鳅、圆鳅) 就成了首选的泥鳅品种。

人工繁殖的青鳅一般都是直接采集当地的野生青鳅, 但在不少地方, 由于捕捉方式的原因, 收购回的野生青鳅成活率非常低, 导致收购回的青鳅在培育过程中就死伤大半, 造成种鳅培育困难。

针对这种情况, 繁殖者可以不开展种鳅 (亲鳅) 培育, 可以直接从市场或捕捉者手中挑选野生泥鳅用于催产。一般当地水温在18~28℃时, 无论是春季还是夏秋季, 都会有部分泥鳅适合催产。我们可以挑选这些适合催产的泥鳅, 拿回后当天就进行注射催产药物, 一般第二天就可以获得大量的卵粒, 我们留下卵粒进行孵化, 将产卵后的种鳅及时淘汰 (因成活率较低, 一般不留下养殖)。

筛选繁殖亲鳅主要就是判定繁殖雌鳅的 "成熟度"。检查雌鳅的腹部, 如果雌鳅的腹部膨大饱满, 腹下的 "腹中线" 已经看不见或虽然可以看到但可以看见腹腔内卵粒的轮廓, 这样的雌鳅完全可以用于催 (成熟度已经较好)。配种选取的雄鳅体重一般为雌鳅的1/3至2/3即可, 即假如选取的雌鳅规格为25克/尾, 则选取的雄鳅以8~12克/尾比较适宜。为了方便雌雄亲鳅的交配, 在采用半人工繁殖方式时, 雄鳅的个体一般不宜选得过大, 当然过小的雌鳅可能没有达到性成熟, 也是不宜选取的。

二、催产失败

有的养殖者完全按照泥鳅的催产步骤催产，但就是始终不见泥鳅产出卵粒来。这种现象的出现有多方面的原因，但大多属于三个方面：成熟度、繁殖水温和催产药物。

1.成熟度

对于成熟度尚不够的雌鳅进行催产，虽然也可能出现雌雄亲鳅追逐并交配的现象，但所产的卵粒会很少甚至不产卵，所以在催产前一定要检查亲鳅的成熟度。对于成熟尚不够的种鳅，可以再培育一段时间才催产。对于直接收购野生泥鳅做繁殖亲鳅的，此时可以暂缓收购，等当地的野生泥鳅发育到成熟度比较理想了才收购。

2.繁殖水温

泥鳅繁殖的适宜水温应该在18~30℃，水的温度过低或过高，即使采取人工催产，也很难达到理想的催产效果。在室外温度过高的地区，若想在夏季实现苗种繁殖，可以将养殖在外的泥鳅移到室内等比较凉爽的地方进行培育，一般通过15天以上的适温培育，泥鳅的成熟度即可以达到比较理想的程度。在低温季节，可以将繁殖亲鳅移到温棚等条件下，保持适宜的水温进行培育，直到培育到雌鳅的成熟度比较理想再进行催产。

3.催产药物

用于泥鳅催产的药物，除了含量等基本要求外，药物的保存也是一个比较关键的方面。药物一般都是在常温下保存，即置放在阴凉、干燥处保存即可。如果长时间置放于不符合要求的环境，虽然药物尚在保质期内，但也可能导致药物失效，影响催产效果。

三、开口苗培育成活率低

根据我们大量的实践，将催产繁殖出的泥鳅小苗进行培育，一般从开口到培育成"寸苗"，其成活率一般在60%~70%；将"寸苗"养殖成成鳅，一般成活率在90%以上（高的在95%以上），这样的养殖成活率已经完全适宜开展自繁自养。有的养殖者在培育泥鳅苗时，其成活率始终达不到理想的培育效果。这里我们就把自己的培育管理经验给大家介绍一下。

1.专人管理

鳅苗的培育是细心活，来不得半点马虎。要求有专人看护。需要每天检查进排水口和池埂及吃食情况，防止敌害入侵和泥鳅逃跑。

2.合理安排投放密度以及水质管理

因为鳅苗在孵化后半个月左右才开始用肠呼吸，如果密度过大，水质容易缺氧，往往会因氧气不足而造成鳅苗大量死亡。密度过小，不能有效利用资源。具体说每平方米投放多少尾泥鳅苗都是不准确的，这与下放水域有一定关系，而且随着鳅苗个体的生长还应逐步降低密度，一般来说培养水花苗的密度最大可以达到数千尾每平方米，待其开口以后逐步降至以下标准比较合理：在净水池塘为800~1 000尾/米²；在半流水池塘为1 500~2 000尾/米²。在流水池塘可以适当增加投放密度。

保持水质，水质的好坏很大程度上影响鳅苗的成活率。由于泥鳅小苗必须经过呼吸器官的转化阶段，因此对水体要求比较高，在小苗池中的水体以"肥、活、嫩、爽"为宜，水色以黄绿色为佳。在泥鳅苗的培育中，鳅苗对池水中的溶氧量、浮游生物的数量都有一定要求，因此在鳅苗下池之前应先对水体进行培肥，以保证浮游生物的数量。同时为了保证水中溶氧量，还应该在水体过肥的情况下及时补充新水。

3.选择好开口饵料

鳅苗开始摄食时口器很小，投喂颗粒较大的饵料对于刚开口的泥鳅苗是吞食不下的，浮游生物和小颗粒或者粉末状饲料就是鳅苗的主要食物。在水温较高时极易变质，从而影响水质，因此对于开口苗应选择颗粒小的或者粉末状饵料进行投喂，同时还应该根据浮游生物的多少，合理施肥以保证浮游生物数量，从而达到使鳅苗有充足的食物来源。总体来说泥鳅的食物选择与其生长日龄有密切的关系。建议养殖户在开展养殖的过程中在泥鳅的各阶段分别选用以下饵料投喂：①对于水花苗，用奶粉、鸡蛋黄、轮虫、浮游生物、水体昆虫幼虫投喂；②对于小苗，用水体昆虫幼虫、水蚯蚓、动物饵料浆、粉末状配合饲料以及植物饲料投喂。

4.把握投喂次数和投喂量

泥鳅在小苗阶段处于消化器官逐步完善阶段，而且泥鳅天生就具有贪食的习性，为防止投喂过多引起消化不良，特别是喂高蛋白饵料或单一饵料时，易造成鳅种腹部膨胀而浮至水面导致泥鳅苗种死亡，所以要适量投饵，合理搭配，投饵种类、数量除了根据苗种大小确定外，还要考虑水温，水温在22℃以下时，以植物性饵料为主；水温在22~28℃时，鳅种食欲旺盛、生长快速，多投喂些动物性饵料。投喂时我们要做到少量多餐的要求，一次投喂量不宜过大，如投喂过多，饵料剩料较多同样能引起水质恶化。

5.控制水温

成品泥鳅对水温的要求不像其他鱼类那么严格，但是在小苗阶段对水温的要求却十分高，尤其在水温骤然变化更是如此。对泥鳅苗的所有操作都选择在晴朗的天气进行，不要让水温在短时间内发生较大变化。在转运或者转池泥鳅苗的过程中两水体的温度差不能超过2℃。

第三节　泥鳅自繁自养的养殖经验和投资建议

一、繁殖用泥鳅品种的选择

在动物分类学中，泥鳅是属于鲤形目、鳅科、花鳅亚科、泥鳅属的鱼类。同属于鳅科的鱼类非常多，在我国就有100多种。由于各种泥鳅的生活习性和繁殖能力、生长速度都不完全相同，所以采用人工繁殖最好选用各方面表现比较好的品种。在我国目前被普遍用于养殖的泥鳅品种主要有两个：一种是大鳞副泥鳅（扁鳅）；另一种就是真泥鳅（泥鳅、青鳅、圆鳅）。在这两个品种中，养殖者应该首选的品种就是大鳞副泥鳅。大鳞副泥鳅与青鳅（真泥鳅）的对比分析如下。

1.品种研究和提纯的对比

真泥鳅分布较广，是我国最常见的泥鳅品种。由于不同种类间的杂交以及小水系封闭导致的近亲繁殖，目前的野生种群个体普遍较小。由于真泥鳅在个体大小、繁殖能力、生长速度和市场等方面都不如大鳞副泥鳅，目前国内尚没有一家科研单位对其进行提纯选育。

大鳞副泥鳅是分布于长江流域的野生泥鳅，其个体较大，但野生种群退化比较严重。由于该品种在人工养殖中具有很多优势，近年来国内多家科研单位都在着力于对大鳞副泥鳅的研究和品种的提纯复壮。

2.生长速度的对比

真泥鳅在人工养殖中，当年繁殖的小苗经过几个月的饲养，到年底其体重可在7~8克/条，一般需养殖到第二年方能作为大规格泥鳅上市，这样我们在喂养过程中延长了其生长周期，增大了养殖管理的投入。

在人工养殖大鳞副泥鳅中，当年繁殖的小苗经过几个月的饲养，到年底时其体重可在15克/条以上，早期培育的鳅苗当年可以增重至20克/条左右，即可当年上市，这样也就缩短了养殖管理的周期，变相降低了养殖管理成本。

3.繁殖能力对比

在养殖过程中，选择一个好的品种很重要，但要让这个好的品种延续下去更为重要，泥鳅也一样。因此，我们在选择优良的品种时，其繁殖能力也是一项重要的标准。这也是很多科研单位一直在研究的核心问题。在此我们把两个品种的繁殖能力给大家做一个对比，繁殖能力最直接的体现就是在其怀卵量。

从我们多年的养殖过程中，通过对泥鳅繁殖的对比实验，发现真泥鳅的产卵量一般都在2 000粒/条左右，而经过提纯选育的大鳞副泥鳅的产卵量都在3 000~5 000粒/条 (没有经过提纯的大鳞副泥鳅，由于相同年龄个体相对小一些，其产卵量也要低一些)。

4.市场的对比

任何一种商品所能产生效益的高低，不仅要看其本身的质量好坏，而且在很大程度上还取决于市场的前景。现在我们对两种泥鳅的市场情况进行分析。

在我国每年都有大量的泥鳅出口到国外，据有关部门统计，泥鳅的出口量大约占总产量的40%。而出口的泥鳅中，全部是与大鳞副泥鳅外部形态相似的"扁鳅"，目前还没有发现有真泥鳅 (青鳅、圆鳅) 出口的报道。

在内销市场上，根据我们对成都、武汉、南京等泥鳅市场的了解，由于货源紧缺，目前市场上全部都是混合销售，有的地方只是泥鳅大小有区别，并没有发现"扁鳅"与"圆鳅"的价格差异。

在个别地方，由于当地消费习惯的影响，也可能会有"扁鳅"高于"圆鳅"或"圆鳅"高于"扁鳅"的现象，但总的差异不大 (每千克差1~2元)，但是在"圆鳅"价格高于"扁鳅"的地方，我们也认为应该养殖大鳞副泥鳅，因为其产量高得多，每千克的养殖成本不只低2元。

综合内销和出口两个方面的市场状况，我们认为首选养殖大鳞副泥鳅是没有错的。也许有的养殖户认为自己的养殖规模小，就是在当地销售，产品不可能出口。事实上泥鳅出口一般都是由经销商进行组织的，产品被经销商收购后，究竟是内销了还是出口了，很多养殖户是不清楚的。但如果出口价格高，必然就会拉动"扁鳅"的市场价格，这个养殖者应该是可以感觉到的。

通过以上几个方面的对比不难看出，养殖大鳞副泥鳅，无论是在生长速度、繁殖能力，还是在市场前景上都明显优于真泥鳅。真泥鳅虽然分布广泛、种源易得，但我们在选择养殖品种时，还是应该选择经过品种提纯后的大鳞副泥鳅，以获得良好的养殖效果和养殖效益。

二、在有条件的情况下应尽量引进优良的种鳅进行繁殖

从食性和对饵料的转化来分析，养殖增重1千克泥鳅的成本和养殖1千克鲤鱼差异不大。养殖户批发鲤鱼仅10元/千克左右，而在淡季市场泥鳅价格却在30~40元/千克，这是有史以来罕见的高价。养殖泥鳅的利润空间已经非常可观，与其他养殖相比，目前养殖泥鳅的利润可以说是"暴利"。这样，要开展人工养殖

泥鳅，首先必须解决苗种问题。近年来受市场高价的刺激，过度捕捞泥鳅已经导致野生泥鳅苗奇缺。养殖户都渴望大量购买泥鳅小苗用于养殖。在这种情况下，请大家尽可能进行自繁自养。其主要原因有以下几点。

1.处于发育阶段的小苗运输死亡率极高

繁殖泥鳅的技术比较简单，但是泥鳅的繁殖能力很强，批量繁殖泥鳅小苗并不算难。2007年我们发现四川几家泥鳅苗种繁育场繁殖泥鳅小苗对外出售生意非常火暴，我们立即前往了解。经过深入了解我们发现，绝大多数的养殖户购买回的泥鳅小苗成活率都非常低，有的运输路程仅100多千米，我们前往查看时，水面上却漂起一层死鳅，据估算其成活率不到50%。

2007年11月，我们在江苏赣榆县的泥鳅养殖基地了解，发现当地有养殖户从泥鳅繁殖场购买人工繁殖培育的小苗用于养殖，成活率也非常低。

在我们的养殖试验中发现，没有经过转运的泥鳅小苗却生长良好，这到底是什么原因呢，经过查询了解泥鳅的生理特性，我们找到了泥鳅小苗转运后成活率低的真正原因：原来泥鳅的生理发育在小苗期间尚未完全完成，此期间的生命力非常弱，若长途运输势必导致大量的死亡。其主要原因如下。

（1）呼吸器官的完善 刚孵出的鳅苗吸附在鱼巢上生活，此时鳃条外露，几天后才能发育成鳅形。泥鳅的鳃、皮肤、肠道是它的呼吸器官，但此期间主要依靠鳃呼吸。泥鳅在体长2厘米前将逐步完成由鳃呼吸转为肠呼吸，在这个转变过程中进行长时间的高密度运输常常会导致小苗缺氧死亡。运输泥鳅小苗只能选择刚开口的小苗并尽量缩短运输时间，装运密度不能过高。对于路途较远的、运输时间超过24小时的，建议采用空运。

(2) 消化器官的完善　泥鳅是杂食性鱼类，这是对成鳅食性的概况，但处于小苗阶段的泥鳅，其消化能力较差，必须投喂偏肉食性的饵料。小规格泥鳅的消化器官逐步发育完善 (体长为1~2厘米)，食性逐步由偏肉食性转化为杂食性。在泥鳅消化器官转变期间，挤压、颠簸等剧烈的外界影响都会导致其消化功能出现异常，长途运输很容易导致泥鳅小苗出现疾病甚至死亡。对于尚处在发育阶段的泥鳅小苗要尽量避免转运，确需转运也最好等到泥鳅长达到3~4厘米 (寸苗) 以后。

2.种鳅运输比较安全

2007年4月初我们从湖北引进大鳞副泥鳅种鳅100千克，经2天1夜的运输，中途只换了一次水，运回四川养殖只出现了几条死亡。

2008年4月底我们从湖北大批量调运种鳅，由于气温高，采用了加冰运输的方式，结果成活率也在95%以上。

综上所述，泥鳅种鳅的运输是比较安全的。这是养殖者解决苗种问题的可靠方式。

三、开展泥鳅半人工繁殖更适合初学者

在常温条件下（水温在20~28℃）完全可以开展泥鳅的半人工繁殖。所谓半人工繁殖，就是把种鳅通过一段时间的适温培育（保持水温在20~28℃并正常投料），然后采用人工注射催产药物，使其整齐产卵并采用自然孵化的方式孵化出泥鳅小苗的一种简易方法。对于初涉泥鳅繁殖的养殖户，选择半人工繁殖是最理想的。

泥鳅是分批产卵，如果采用其自然产卵孵化，其产卵是分批的，收集的卵粒和泥鳅苗也是成批次的，而且量也不大，会增加很大的劳动强度，管理起来也较麻烦，到下塘（池）时不能同时将同一规格的苗子下到池塘（水泥池、网箱）中去，这样就需要建相对较多的池子（网箱），养殖成本就增加了不少，并且繁殖量受限。

采用人工授精（全人工繁殖）虽然能提高受精率，但要掌握好适宜的采卵授精时间，若未到效应时间，则卵粒不易挤出，即使勉强挤出一小部分卵粒，这些卵均无法受精；在效应时间内采卵，轻压腹部卵粒则顺畅流出，且卵粒大小均匀，具弹性，半透明，受精率高；当超过效应时间3~4个小时后再采卵，则挤出的卵粒弹性差，呈"糊状"。这些过熟卵受精率很低。对于初

涉泥鳅繁殖的养殖户来说辨别卵是否成熟也是比较困难的，很难把握准确的发情时间，而且人工授精劳动强度大，技术要求又高，往往不易实现；人工授精操作时间较长，常贻误部分亲鳅的产卵和授精最佳时间，效果不很理想。

半人工繁殖虽然也采取人工催产，但产卵是由雌雄亲鳅交配时进行的，产出的卵粒是让其自然孵化的。操作起来较简单，成功率较高，也能够批量繁殖。对初学的学员来说很容易掌握，而且受精率、产卵率、孵化率也很高。采用半人工繁殖能很好避开泥鳅分批产卵，通过使用催产药后能使泥鳅一次性将卵粒产完，同时也避免了人工繁殖时烦琐的操作。方法是给发育较好的泥鳅注射催产药（适量$GnHRA_4$或$GnHRA_5$加上DOM混合溶解注射亲鳅），将注射催产药后的亲鳅放入产卵池中或密眼网箱，在产卵池（箱）中放鱼巢（根系丰富的水葫芦或棕片），待亲鳅发情产卵结束后，将亲鳅捞出让受精卵在原池中孵化，采用微流水或静水孵化都可以的。

通过泥鳅的半人工繁殖还可以很好地利用空池、空网箱、池塘等资源，达到资源的充分利用。管理苗子也相当方便，一旦水质发生变化，我们可以将密眼网箱转移到另一池子或水域中，而且对泥鳅苗的影响也较小。有些学员完全可以利用水泥池或池塘水域面较大的资源开展泥鳅的自繁自养，把泥鳅养殖起来。泥鳅价格较高，市场需求量较大，其饲养管理方法也比较简单，养殖效益是很明显的。

四、时机成熟可开展泥鳅增温繁殖

　　当年繁殖比较早的大鳞副泥鳅苗（5—6月繁殖），经过几个月的饲养就可以达到上市的要求（规格在15克/条以上），对于繁殖较迟的小苗则需要进行泥鳅苗的越冬，来年还需要饲养一段时间方能达到上市要求，这样就增长了饲养周期，增加饲养管理难度，同时饲养成本也就有所增加，然而对当地泥鳅（真泥鳅）进行同样的饲养管理，即使是繁殖比较早的泥鳅苗当年也不能达到上市规格，因此养殖成本也就增加了许多。

　　如果在春季采用加温的方式使泥鳅提前繁殖，则当年繁殖的泥鳅小苗就有可能提前上市。如果养殖到年底销售，其规格也可能更大。为了验证这一想法，我们在2008年3月开始对泥鳅进行加温繁殖试验。

　　本试验采用电热线对小池池水进行加温，运用控温仪进行自动控温，并在池口覆盖塑料膜进行保温。经近20天的加温培育，于4月初开始对泥鳅进行数次催产繁殖，与在繁殖季节的泥鳅比较，催产效果、受精率、孵化率相差无几。繁殖的小苗经过60天的饲养，最大个体已在7厘米以上，最小个体在3厘米以上，其长势相当惊人，而未进行增温繁殖的泥鳅苗个体才1~2厘米，两者个体相差甚远。通过数次催产和催产出的泥鳅的饲养效果来看，对泥鳅进行增温繁殖是可行的，效果也相当理想，这样能将繁殖时间至少提前1个月。

泥鳅增温繁殖的方法是：在3月初选定泥鳅培育池，对泥鳅培育池进行增温，将选择的亲鳅在增温池中培育，饲养方法按照亲鳅培育方法进行，对亲鳅培育一定时间后进行催产，对卵粒进行自然孵化，孵化出的小苗在密眼网箱中培育。

泥鳅增温繁殖实验的成功意味着泥鳅批量繁殖至少可提前1个月，对泥鳅进行自繁自养可以充分利用当地的资源，增长当年的饲养时间，同时实行自繁自养，避免从外地进苗时苗子成活率低的问题，为泥鳅大规模养殖奠定了一定的基础。2009年初我们为增温繁殖专门修建了加温繁殖大棚，使泥鳅小苗的规模化提早繁育得以顺利实现。

第六章

泥鳅常见疾病的防治

从事任何动物养殖都要有"防重于治"的观念，从事像泥鳅这样的小个体水产品养殖更应注重预防。因为这样的动物患病后不可能打针也不可能灌药，泥鳅发病后往往不怎么采食，通过在饲料中拌药很难起到应有的治疗效果。因此，在养殖泥鳅的过程中，我们应尽可能创造适宜的环境，投喂卫生且适口的饵料，平时按要求进行常规的预防，避免疾病的发生。在发现疾病时，要尽量提早治疗，力争把疾病带来的损失降到最低。

第一节　导致泥鳅发病的因素

疾病发生的原因，一般简单地认为是病原体对生物体侵袭的结果。然而在生产实践中，常见到同一环境中，同类的生物有的生病有的不生病。显然造成病害发生的原因，不仅仅是病原体对生物侵害的结果。泥鳅属鱼类，其主要生活环境是水体，泥鳅的生长发育以及繁殖，一方面要求有良好的生活环境，另一方面也需要有适应环境的能力。泥鳅在自然界中密度较低，自身抗逆能力强，因此患病几率就很少。为了达到高产目的，养殖水体的环境条件大多由人为因素控制，对泥鳅来说就具有一定的强制性。如果生活环境发生了不利于泥鳅的变化，或者泥鳅不能适应环境条件时，就会影响到泥鳅的生长、发育和健康，对病原体的入侵失去抵抗力，因而引起疾病。病原体是水体中的特殊种类，它的生活必须依赖其他生物，它既需与水环境发生联系，又需与其他生物体的内环境发生联系。若这些环境条件中的某一环节不利于病原体的繁衍、发育，则疾病也难以发生。如果泥鳅的抗病力强于病原体的致病力，泥鳅不会生病，而泥鳅的抗病力又取决于泥鳅的生长环境，如果生长环境差，泥鳅吃不好，活动不好，从而体质下降，抵抗病的能力就下降，也就容易生病，所以泥鳅疾病发生的原因是由病原体、环境条件、泥鳅本身因素三者之间相互作用的结果。要搞好泥鳅的养殖，就必须了解泥鳅发病的原因，再采取相应的预防及控制措施，使之少发病或不发病。

一、自然因素

1.温度

水温高有利于泥鳅的快速生长，有利于促进有机质的分解，但同时也促进了病原生物的大量繁殖和其他水生生物的呼吸作用而消耗大量的溶氧，因此在水温较高时要更加重视对病原生物的控制。

泥鳅生长的适宜水温为12~30℃，最适水温为20~29℃。

2.酸碱度

泥鳅能忍耐的酸碱度范围是6.0~9.0，最适酸碱度范围在7.0~8.5。如泥鳅长期生活在pH值为8.8~9.0的水体中，泥鳅的表皮易被腐蚀，严重的背部等处呈现腐白色，双眼发白，在北方盐碱地区应特别注意pH值的变化。泥鳅在弱碱水体（pH值为7.5~8.0）中生长最快，疾病少；如果生活在弱酸性至酸性水体（pH值为6.0~6.8）中，泥鳅上下翻腾减少，摄食量降低，生长减缓，易发生疾病。

3.溶氧

泥鳅能利用口、皮肤直接呼吸空气中的氧气，它自身对水体中的溶氧要求不高，但是如果水中的溶氧太低会导致浮游生物死亡、有机物难以分解而直至水质恶化、病原微生物大量繁殖，最终导致泥鳅发病。

4.氨

氨是水生动物排泄物和底层有机物经氨化作用而产生。养殖密度越大，排泄物越多，氨的浓度就越高。养殖中特别注意水质变化情况，避免水体出现污染。

二、人为因素

1.鳅体损伤

泥鳅鳞片极薄、细小，捕捞、转池和运输等环节操作不当，引起泥鳅受伤，水体的细菌就可以从受伤处感染。

2.苗源差

原因有泥鳅苗过小，在器官发育不完全时进行运输等。在泥鳅消化器官转变期间，挤压、颠簸等稍微剧烈的外界影响都会导致其消化功能出现异常，称重、长途运输都很容易导致泥鳅小苗出现疾病甚至死亡。

3.放养密度

放养密度与疾病的发生有很大的关系，密度过大，泥鳅彼此接触的机会多，病原体感染机会多；养殖密度大水源又跟不上，还会造成泥鳅缺氧、体质减弱、细菌入侵。放养密度要视水源条件、养殖技术等灵活掌握。

4.饲料不全面

人工养殖使用的饲料对泥鳅的生长及疾病防治有很大的影响。选择泥鳅专用饲料或普通鱼饲料等营养全面的饲料，利于泥鳅快速生长发育的需要。若饲料中维生素E缺乏，则影响泥鳅性腺发育，对泥鳅繁殖不利。维生素C具有抗氧化作用，袋装饲料由于存放时间长而发酵，使其中的的维生素C在高温中被氧化掉，若长期使用这类饲料，必将造成维生素C缺乏症，所以应经常在泥鳅饲料中适当添加金维他以补充维生素E、维生素C等微量元素。

5.管理不当

投食不均衡、饥饱无常；饲料不适口；饲料黏合度不够，放入水中很快就散开；投喂块状食物过大或经常更换饲料等；饲料变质，鲜活饵料不鲜活或投喂时不消毒；不清池，不及时排除残渣和粪便。酷暑季节，池水温度过高，没注重防暑，使泥鳅食欲减弱，体质消瘦，抗病力降低。换水时水温差过大，也易造成泥鳅死亡。

第二节 泥鳅疾病的预防

最好的养殖技术方法就是最佳的防病方法。在前面的养殖方法中，其实我们已经对疾病的预防进行了讲解，养殖者只要严格按照技术方法进行，一般不会出现大的病害。为了进一步提高大家的技术水平，在这里我们特将关于疾病预防方面的问题提升到一个新的、更高的层面来给大家讲解。

1.适度投料

在本书中我们对于投料的比例及投喂时间都进行了具体的介绍，这是我们多年的养殖实践经验，也是大家应该予以参考并采用的，但是在一些特殊的情况下，并非仅按照教材中的方法对号入座就能够取得好的效果。刚刚投入大池饲养的鳅苗，往往容易集群沿池边游动，我们采用全池遍洒的方式投料，往往是游在前面的泥鳅吃到了，而游在后面的就只能吃到很少，很容易导致一些泥鳅吃得过多甚至引起胀死或出现肠炎，而另一些泥鳅又吃得很少甚至根本就没有吃到。如何做到尽可能让泥鳅的摄食比较均匀，养殖者不仅要遵循按时按量投喂，还应观察鱼群的活动，在投饵中视泥鳅的活动情况分几次投饵，并逐步引诱泥鳅均匀分布，才能达到减少泥鳅过量摄食和尽量均匀摄食的效果。此外，投料前下雨，雨水从鳅池的局部流入会导致泥鳅集群等情况，养殖者都应根据具体情况变化灵活调整投饵，尽可能把握好"适度投饵"这个"度"。晴天水质清爽时正常投喂，下雨天、阴天，泥鳅在池中上下翻滚吞食空气进行肠呼吸时少投喂。泥鳅耐氧能力极强，一般不会因缺氧而死亡。虽如此，由于投饵过多，水交换量不足，也会发生水质急剧变化，水质发黑，逸出难闻气味，此时泥鳅虽能摄食，但消化吸收都很差，故应及时换水，否则继续发展下去，泥鳅集群成团，易出现应激反应导致发病。

2.把握水质

要求鳅池的水质保持黄绿色为佳，但有时水色正常泥鳅也同样出现缺氧甚至死亡，比如在闷热的雷雨前，尤其是闷热天气出现在早晨时就更为危险。此时不要认为水色好就不会有问题，应不管水色好坏，及时采取措施往池内加水，以增加池内的溶氧，避免出现异常情况。把握水质不仅要看水色，还应该密切关注泥鳅的活动，只有把这两方面结合好了，才能真正管好水质，避免意外发生。此外，水色的变化会时快时慢，这与投饵剩料的多少、池塘底泥的厚薄、气温的高低等具体条件有关，养殖者只有勤观察，勤换水，尽量把水质控制在腐败之前才能真正地管好水质。

3.合理预防

一般常规的预防方案是每隔半个月左右泼洒一次消毒杀菌药物和投喂一次预防药，这是经验之谈，但是对于一些具体情况还需要养殖者灵活处理。本教材介绍的预防方法主要针对泥鳅的体表细菌性疾病和肠道疾病。这个防病方案在夏季高温季节的防病效果比较明显，但对于一些特殊情况，还应特殊处理。比如一些养殖户使用蛋白质含量较高的饲料投喂泥鳅，获得了较快的生长速度，但进入秋季，泥鳅的病害往往较多，这主要是因为使用的饲料蛋白含量过高，大量摄入导致泥鳅的肝肾负荷过重，从而引起发病。对于这种情况，使用教材介绍的防病方法显然就不够，在泥鳅的吃食高峰期就应该在本方案的基础上，再加入解毒保肝的药物进行预防，同时在进入秋季后，不管气温是否下降，都要适当减少投喂量，以免肝肾疾病的发生。春季投苗较早，鳅体擦伤后容易发生水霉病，此时泼洒外用药物时就应该同时泼洒"水霉灵"等防治水霉病的药物进行预防。

以上三个问题都是养殖者最难准确把握的三个方面，也是真正区分实践经验是否丰富、养殖水平高低的三个方面，对这三个方面没有必要死搬硬套，因为养殖者的具体条件各有不同，很多时候都需要养殖者根据当时的具体变化去灵活把握。养殖者在养殖实践中，只有依据自己对技术的理解并依靠多看、多分析，综合实际情况去灵活处理，才能真正做好这三个方面。

在同一地区的养殖户，养殖方法应该没有太大的区别，但有的增重多，有的增重少，有的疾病多，有的疾病少，这就是实践中对技术的把握程度不同所导致的。各位学员通过本技术培训后，还应该多方面掌握相关的知识，知识面越广，实践经验越丰富，取得更好养殖效果的可能性就越大。

第三节　泥鳅病害的诊断

1.发生疾病因素确定

泥鳅生活在水中，其发病死亡虽有多种原因，但往往与环境因素密切相关，为了正确诊断，对症下药，需确定的内容包括泥鳅死亡的数量、种类、大小；病鳅的活动情况；所养殖泥鳅的数量、规格、种苗来源、水质、养殖场周围的工厂排污、水源情况；日常防病措施和发病后采取了哪些措施等。

此外，还需了解泥鳅的放养殖密度；投喂饲料的种类、品质、来源、保存情况；投喂的数量、次数、时间；水体消毒、药物投喂情况；周围塘的发病情况；日常管理和以前发病情况。

还要注意水温、溶解氧、酸碱度、氨等。

2.病鳅外表检查

要正确诊断泥鳅所患的是什么疾病，仅对外部因素分析还不够，还需要对病鳅详细的检查。检查遵循从外到内的顺序，外表的检查首先是头部的吻、口腔、眼和眼眶周围，然后是躯干、肛门、尾等部位。主要观察各部位有无异常，是否有大型寄生虫，各部位是否有充血、脱黏、发炎、溃疡、浮肿等症状。

有条件的可镜检，先取黏液放在滴有清水的载玻片上，盖上盖玻片，镜检检查是否有寄生虫。

3.病鳅的解剖检查

外表检查后还要进行解剖检查，方法是一侧腹壁，打开腹腔，检查是否有腹水及其颜色、浑浊度；检查是否有大型寄生虫；前端从咽喉处，后端从肛门处剪断消化道取出所有的内脏，仔细分开各器官，观察各组织器官的体积大小、颜色深浅，检查有无病变。其中肠道是检查重点。

第四节　泥鳅常见病的防治

在泥鳅养殖中，最为普遍的疾病就是肠炎。据我们对泥鳅养殖者的现场了解，大约有超过60%的泥鳅死亡都是因为肠炎病，此外，皮肤损伤感染、出血病的发生和寄生虫的感染发病率虽然不是很高，但也具有一定的危害。为了帮助大家掌握这些疾病的特征并做到及时对症治疗，我们特将几种常见疾病的防治方法介绍如下。

1.肠炎病

水温18℃以上较易发生，25~30℃时是发病高峰期，全国各地均有发生，是我国危害鱼类最主要的疾病之一。此病常与细菌性烂鳃病、赤皮病并发，其死亡率高达90%以上。该菌为条件致病菌，一般鱼类肠道中均有此菌，仅占0.5%左右，不是优势菌，故不发病。当水体恶化、溶解氧低、氨氮含量偏高及饲料变质鱼体质下降时，该菌即在大肠中繁殖扩散，以致发病。

病鳅肛口红肿、有黄色黏液溢出。肠内无食物或后段肠有少量食物和消化废物，肠壁充血呈红色，严重时呈紫红色。病塘中常见拖便现象，病鳅常离群独游，动作迟缓、呆滞，体表无光泽，不摄食，最后沉入池底死亡或窒息死亡。

防治方法：①忌喂腐败变质饲料，注意保持水质清洁；②每千克饲料添加鳝宝肠炎灵2克和维生素C 2克，连续使用3~5天。

2.水霉病

该病菌的早期不易被发现，当肉眼能发现时，菌丝已侵入伤口，并向外长出外菌丝，簇拥成棉絮状，俗称"毛霉病"或

"白毛病"。因为霉菌能分泌大量蛋白分解酶，可将病鳅肌体组织降解而分泌出大量黏液，加重病情，使之食欲大减，衰弱而死。

由于水霉菌对温度的适应范围宽，即5~26℃均能生长繁殖，其最适繁殖水温是13~18℃，常在春、秋季节或冬季繁殖，只要鱼类皮肤有创伤即可被感染。

防治方法：①投种前对塘或池严格消毒，一般采用"鳝宝杀毒先锋"、"鳝宝益碘"、漂白粉、生石灰。泥鳅苗入池时按要求进行消毒处理。②发现此病按"鳝宝水霉灵"3克/米³水体和"鳝宝益碘"2毫升/米³水体的浓度泼洒，间隔3天再泼洒1次。

3.溃疡症

病鳅吃食减少，体表黏液增多，发红，有突起肿块，局部鳞片脱落，部分肌肉腐烂，出现圆形溃疡灶，下颌发红，充血明显，解剖后内脏无明显病变。

一般刚收购入池的泥鳅，由于捕捉运输造成外伤；养殖过程中转池、机械损伤，易患此病。泥鳅刚收购入池或养殖中泥鳅转池后应按预防程序做好消毒、杀菌和消炎工作，防止泥鳅感染。选择水源方便、无农药污染的地方建池；当水温升高时，应适当换水并增加水位；减少捕捞等机械损伤，避免应激反应和引起鱼体受伤。

发生此病应立即消毒杀菌，并投喂抗菌药物。第一天和第三天泼洒"鳝宝转安康"5克/米³水体和"鳝宝益碘"2毫升/米³水体；第二天和第四天泼洒漂白粉2克/米³水体（使用漂白粉时，应多加水稀释后泼洒，避免水草受损害）。在每千克饲料中加入2克"鳝宝肠炎灵"和2克维生素C，连续使用3~5天。但因泥鳅发病后摄食量减少，药物很难达到抑菌浓度。因此对于该病主要以预防为主，发病后应及时治疗。

4.赤皮病

荧光假单胞菌（短杆菌）感染引起，该菌是条件致病菌，体表皮无损伤时，该菌无法侵害。其传染源是该菌污染的水体、工具等，一年四季流行。泥鳅感染主要在高温季节，水温越高感染越严重，体表寄生虫越多，感染后死亡率越高。

泥鳅患病后体表充血发炎，可蔓延全身；整个鳍或鳍基部充血，鳍端腐烂，常有缺失，鳍条间软组织多有肿胀，甚至脱落呈梳齿状，并常继发感染水霉菌。病鳅时常平游，浮于水面，动作呆滞、缓慢，反应迟钝，死亡率高达80%以上。

防治方法：①泥鳅下塘初期特别注意消毒，采用第一天泼洒"鳝宝转安康"5克/米³水体和"鳝宝益碘"2毫升/米³水体，第二天泼洒漂白粉1克/米³，隔一天再泼洒一次漂白粉；②发生此病应及时捞出病鳅，第一天泼洒漂白粉2克/米³水体，第二天泼洒"鳝宝益碘"2毫升/米³水体，第三天再泼洒一次漂白粉。

5.白尾病

该病属柱状嗜纤维菌感染，镜检时可发现大量杆菌，并拌有鳃部溃烂症状。初期鳅苗尾柄部位灰白，随后扩展至背鳍基部后面的全部体表，并由灰白转为白色；鳅头朝下，尾部朝上，垂直于水面挣扎，严重者尾鳍部分或全部烂掉，随即死亡。每年6—8月为流行时段，主要表现在夏花前后，当鳅苗有寄生虫侵袭时，很快便被病原菌感染，继而流行。

防治方法：注意改善水质、加深池水。一般温度较高的季节，水质恶化和水位较浅易诱发此病。全池泼洒漂白粉1克/米³水体，第二天泼洒"鳝宝血炎康"5克/米³水体；饲料中拌喂"鳝宝肠炎灵"2克/千克料和"鳝宝维生素C"2克/千克料，连续投喂3~5天。

6.气泡病

该病缘于水中某种气体的过饱和，主要危害泥鳅小苗，且个体越小越易犯病，严重时可导致全部死亡。病鳅体表出现气泡，常由气泡浮力浮于水面，很难向下游入水中，因反复向下挣扎，体力耗竭而死。

防治方法：发现此病时首先加注新水，同时泼洒0.1%的食盐水。平时加水时常进行曝气，充分降解水中的有机物，控制水体微生态平衡；投饵要注意适量、多样化，可以预防此病的发生。

7.寄生虫病

常见的有车轮虫、三代虫、锥体虫等寄生虫，它们寄生在鳅苗鳃或受伤鱼体体表。被寄生虫侵袭的泥鳅常常浮于水面，急促不安或在水面打转。有的病鳅鳅体暗淡无光，浑身有较厚的黏液，鳃部突起，黏液有胶质感，最后僵硬而死；有的病鳅游态蹒跚，无争食现象或根本不近食台，常浮于水面；刚孵出不久的鳅苗感染严重时，苗群集体沿池边绕游，行动怪异，神经质的狂摆、跃动，直至鳃部充血、皮肤溃烂而死。

防治方法：①用0.7克/米³水体的硫酸铜和硫酸亚铁（5:2）制成的合剂泼洒；②全池泼洒晶体敌百虫0.5克/米³水体。

附 录

泥鳅养殖中的热点和难点问题解答

我们在开展泥鳅养殖的同时，也在为各地养殖者提供相关的技术服务，所以也经常碰到一些具体的应用问题。我们这里就将其中的几个比较普遍的问题给大家做一个答复。

1.哪些地方适合开展泥鳅养殖？

在我国，北至黑龙江、南至海南，都有开展泥鳅养殖的例子。养殖泥鳅只要有相应的水源条件，我国各地都是可以开展人工养殖的。相对而言，南方地区常年气温高，泥鳅的吃食生长时间长，能够获得更好的增重效果和更高的养殖效益。在有野生泥鳅的地区，可以通过收购野生泥鳅来开展养殖，对于当地没有野生泥鳅或资源比较缺乏的地区，可以通过引进鳅种进行繁殖来开展泥鳅养殖。

2.什么时候开始养殖泥鳅最好?

春夏之交是全国多数地区野生泥鳅上市的旺季,野生泥鳅价格便宜,是开展野生泥鳅收购暂养的黄金季节,也是开展鳝苗人工繁殖的好时机。春季繁殖的泥鳅小苗一般养殖到年底就可以达到商品规格,完全可以实现当年投资当年获利的目标。秋季繁殖的泥鳅小苗,可以在水温降低前育成长6厘米左右的大规格冬品鳅苗,养殖到第二年的夏季就可以达到上市规格,若养到冬季出售,其规格较大,用于出口销售能够卖到更高的价钱。秋季收割水稻后,部分地区的野生泥鳅供应充足,价格较低,此时也可以开展收购,暂养到年底赚取季节差价。

3.四倍体泥鳅是新品种吗?

在野生泥鳅品种中,有二倍体和四倍体两种分类。经华中农业大学对湖北省武汉市、沙市、恩施、枝江4个地理种群的天然泥鳅进行抽样鉴定,武汉和沙市地理种群的泥鳅为四倍体,恩施和枝江地理种群的泥鳅为二倍体。四倍体泥鳅品种是否会比二倍体泥鳅生长快目前还尚未有明确的答案。多倍体鉴别只是对泥鳅的遗传基因的一个分类,并不是就表明其具有生长快等优势。

4.自行繁养1亩泥鳅需要多少种鳅?

我们知道:一般1条雌鳅的怀卵量为3 000~5 000粒 (多的可以上万粒),我们以实际繁殖成活1 500尾鳅苗、每尾长到15克计算,每条雌鳅可能带来22.5千克的泥鳅产量。由于繁殖亲鳅的个体差异较大 (一般雄鳅都比雌鳅个体小),所以常见的雌雄配比都是雄鳅多于雌鳅 (一般为1~2条雄鳅配1条雌鳅),假如我们以9条雄鳅配6条雌鳅作为1组,则1组种鳅 (6条雌鳅) 在繁殖正常的情况下,可以出产商品泥鳅100~200千克。

以中等养殖密度 (亩产2吨左右商品泥鳅) 计算,繁养1亩泥鳅需要繁殖种鳅15组左右 (每组9雄6雌)。

5.自行繁育生产泥鳅苗的成本高吗?

由于泥鳅的怀卵量较大,使用的亲鳅数量不多,注射的催产激素成本也不算高,加上泥鳅小苗的饲料转化率比成鳅高,所以培育的饲料等开支较小,自行培育的成本比较低廉,但由于泥鳅苗细小,需要精心管理,人工成本会比养殖成鳅高一些。综合各方面的成本,经我们估算,培育长度为5~6厘米左右 (体重约1克) 的泥鳅小苗,每千克的培育成本在9~12元。这个成本比有些地区的野生泥鳅收购价格略高,但自行繁殖的泥鳅苗生长快、成活率高,自行培育小苗养殖的利润会比收购野生泥鳅暂养的效益高一些。对于有条件的养殖者，最好开展泥鳅的自繁自养，这样苗种来源和质量都有保证，也是泥鳅养殖的发展方向。

不同饲料投喂泥鳅的增重效果实验

摘要：本实验主要针对不同饲料投喂泥鳅，测定其饲料转化率，便于选择合理的饲料进行投喂，降低养殖成本。通过实验得出：泥鳅对蛋白含量在40%的大口鲶料的饲料转化率在1.33~1.66；泥鳅对蛋白含量在30%的鲤鱼饲料的转化率在2.125~3.100；泥鳅个体越大，饲料转化率越低，因此从成本上考虑泥鳅选择的饲料蛋白含量在30%左右为宜，成本相对较低。

1. 实验材料和方法

1.1 实验设计

本次实验分成四组进行实验，并对泥鳅进行分组编号，然后对实验泥鳅进行分组投喂不同的饲料，结束实验后称重，测定饲料转化率。

1.2 实验时间和地点

本次实验于2008年5月28日至2008年6月30日在简阳大众养

殖公司第一养殖场进行该实验。

1.3 实验泥鳅的选择和分组

本次实验的泥鳅是选择本养殖场内健康、无伤的泥鳅，选择体长在8~14厘米和15~20厘米的个体进行分组后实验。8~14厘米分为2组，每组1千克，15~20厘米同样分为2组，每组1.5千克。

1.4 实验方法和步骤

1.4.1 将提前准备好的玻璃缸进行编号，并将分组的泥鳅分别放入玻璃缸中。

1.4.2 放入玻璃缸的泥鳅经过3天的适应期后开始正常投喂。

1.4.3 每天对实验泥鳅投喂4次，投喂时间分别是08∶00、14∶00、18∶00、22∶00，并且每天换水，及时捞取剩余饲料并晾干后称重，定期在饲料里加入肠炎灵和维生素C以防止肠炎和增加抵抗力。

2.实验结果

2.1 实验所得数据具体见表1。

表1　不同饲料投喂成活率和饲料系数

	饲料	投放量/千克	收获量/千克	水温/℃	成活率/%	所耗饲料/千克	饲料系数
8~14厘米	鲤鱼	1	1.4	20~26	97	0.85	2.125
规格	141号	1	1.6	20~26	100	0.8	1.33
15~20厘米	鲤鱼	1.5	1.95	20~26	98.7	1.4	3.1
规格	141号	1.5	2.2	20~26	100	1.15	1.642

2.2 实验结果分析

2.2.1 本次实验中使用鲤鱼饲料的实验组死亡3条和2条，主要是由于换水不及时造成的，后期保持每日换水就无死亡情况。鲤鱼饲料颗粒比较大，泥鳅是很难摄食，浪费较多。水温较高很容易污染水质。每次换水都用网筐将所剩饲料收集晾晒称量。

2.2.2 从个体长势来看，使用141号饲料的泥鳅长势相当喜人，长得比较偏圆，泥鳅摄食量也较大，长势明显优于鲤鱼饲料组。使用鲤鱼饲料要提前浸泡，否则泥鳅就很难摄食。

2.2.3 从经济效益来看，使用鲤鱼饲料的泥鳅成本要低于使用141号的成本。因为141号在8 400元/吨，而鲤鱼饲料在3 600元/吨左右。

2.2.4 本次实验得出：泥鳅对141号饲料的转化率在1.33~1.624，对鲤鱼饲料的饲料转化率在2.125~3.100。

3.小结与讨论

3.1 在这次实验中我们使用的玻璃缸的规格为58厘米×38厘米×50厘米，实际水深为30厘米，这样1平方米的养殖密度可以达到6.8千克，1立方米水体的养殖可达到22.6千克，但是此条件是池底和池壁是很光滑，换水量很大。

3.2 如果使用蛋白含量为30%的浮型饲料，估计要比使用沉型饲料的效果要好些，而且很容易观察摄食情况，水质也不会污染特快，饲料利用率要高得多，浪费较少。

　　3.3 从实验效果来看，泥鳅在饲养阶段增重是比较理想的，对8~14厘米的个体在8个月的饲养周期能增重3倍以上，大个体也会增重2倍以上。

鳅池净水之宝——光合细菌
简易培育和使用技术

一、绪言

1. 光合细菌概述

光合细菌 (photo synthetic bacteria，简称：PSB) 属细菌中的一类，有紫硫菌、绿硫菌、紫色非硫细菌和绿色非硫细菌。我们在这里主要介绍紫色非硫细菌，它们是兼性厌氧菌，属原核生物界，光能异养型原核生物门，红色光合细菌纲，红螺菌目，红螺菌科，红假单胞菌属，主要有荚膜红、沼泽红、球形菌、深红红螺菌等种类。菌体外形有螺旋状、短杆状、近于球形和球形的。一般规格：长×宽=（1.0~3.2）微米×（0.6~0.8）微米，球形菌直径为0.8~1.5微米。它们以光和热为能源，主要利用有机物中的碳，同化其他营养元素进行生长繁殖，是高营养、高效能、多用途的有益微生物。

2.光合细菌用途

光合细菌生命力、适应性都很强，在生长繁殖过程中能分解有机物和吸收水体中的氨态氮、硫化氢、亚硝酸盐等有害物质，本身无毒无污染。它在光照厌氧条件下生长旺盛，在无光黑暗通气条件下亦能生长，但不合成红色素，经诱导易产生广泛的适应酶，对降解某些有毒或人工合成化合物具有潜力；耐低温（即使冰冻也不会死亡）和高盐度（200），适合处理高浓度有机废水，是优良的水环境改良剂。

光合细菌菌体营养丰富，含蛋白质（60%以上），维生素B_{12}、叶酸、核黄素、类胡萝卜素、辅酶Q_{10}等促生长因子和生理活性物质，是优良的饲料添加剂。

光合细菌以土壤接受的光和热为能源，将有机和无机营养物质转化成易为植物吸收的小分子物质，同时光合细菌除本身的有机营养物质外，还含有铜、锌、钼、钴、镍等微量元素，含量适中，施用后，可补充土壤所缺之元素，提高肥效，是优良的植物肥料。

3. 光合细菌应用

（1）养殖业 我国是养殖大国，近年来养殖业取得了很大的发展，但是传统的水产和畜禽养殖成本高，产量小，效益低，特别是养殖中使用的各种消毒剂和抗生素，既破坏养殖环境，污染水产品，又增加养殖成本。如何有效地克服上述缺点呢？光合细菌作为优良的水环境改良剂和饲料添加剂，用于养殖业在我国才是近几年的事，由于最早使用光合细菌的用户取得了很好的效果和较大的经济效益，因此目前备受推崇，大有普及之势。那么光合细菌究竟起到什么样的作用呢？

① 净化水质。由于高密度水产养殖的水体中含有大量的鱼类粪便和残饵以及鱼药的残留物，它们腐败后产生的有害物质直接污染水体和底泥。轻度污染可造成鱼类生活不适，饲料系数增高，生长缓慢，免疫力下降；积累到一定程度后，能使鱼类中毒、发病甚至死亡。这类有害物质除直接危害鱼类外，同时也是病原微生物的营养源，并使之大量繁殖，使鱼类感染发病。兼性厌氧的光合细菌能改善水质的主要原因是它在分解有机质时不产生有害物质，并且还能利用有害物质作为营养源，长成自己的有益细胞，变害为宝；形成优势群落后，还能竞争性地抑制病原微生物的生长，降低感染概率，从而净化水质使鱼类健康生长。

② 维持微生态平衡。养殖的水体中存在着各种各样的微生物，有的是有益的，有的是有害的，有的处于中间状态，叫"条件致病微生物"，即在正常情况下这类微生物不致病，但在水质恶化鱼类免疫力下降时，便大量繁殖危害鱼类。自然界中把有害微生物和条件致病微生物都叫"病原微生物"是不可排

除的，广义上讲，它们有利于生物进化。它们能使一些不健康的、免疫力低或退化了的生物体被淘汰。无论是有害微生物还是条件致病微生物，它们都必须在水体中达到一定浓度才能危害鱼类，这个浓度叫"发病临界点"。不同种或不同体质的鱼，发病临界点不一定相同。在渔业生产中，控制病原微生物的浓度使其达不到发病临界点是健康养殖的关键。人们通常采用消毒杀菌剂来控制，但随着施用次数的增加，病原微生物的耐药性亦相应增强，为了达到预防效果，施用剂量逐步加大，这不仅增加了用药成本，还污染了水体，造成水产品品质下降甚至不能食用，同时鱼类易产生应急反应，停食、消瘦，浪费有限的生长期。到了鱼类发病需要治疗的时候，安全剂量治不了病，大剂量施用又容易对鱼类产生危害，这个矛盾制约了水产业的发展。

如何控制病原微生物的生长繁殖并使之不产生耐药性呢？光合细菌可基本克服消毒杀菌剂的缺点，它通过降解或清除水体中包括鱼药在内的有害化学物质；与病原微生物争夺营养、空间，使其无法大量繁殖，从而不易形成致病的环境条件。假如由于病原微生物的原因，鱼类发了病，说明它在水体中的浓度已达到或超过发病临界点，在微生物群体中占优势，此时再用光合细菌治疗是没有明显效果的，须用消毒杀菌剂治疗，6~7天后再施用光合细菌保养水质。

鱼类病害防治原则是：防重于治。只有在日常渔业生产中维持水体微生态平衡，使有益微生物始终占绝对优势，这才是健康养殖的出路。如果平时不有效地预防，到了出现症状时再去治疗，那么包括鱼药成本在内的重大损失将是不可避免的。

③ 培养浮游动物作饵料。光合细菌营养丰富，这正是浮游动物的优质饵料。实践证明，水体中光合细菌越多，浮游动物生长繁殖越旺盛，以浮游动物为食的鱼类增产效果也就越明显，如虾、蟹、花鲢、河蚌等。浮游动物作为仔鱼、糠虾、贝苗等开口饵料，营养价值高，易于消化吸收。此外，光合细菌对于刚孵化后还不能主动捕食的仔鱼是最适宜的饵料，此时仔鱼的消化系统各器官尚未完全分化，光合细菌通过鳃被吸入体内，在卵囊尚未被完全吸收的同时即可从外界摄取营养，以弥补内源性营养的不足，从而大大提高成活率。

④ 间接增氧。光合细菌分解有机质进行生长繁殖时不需要氧气，也不释放氧气，它节约了好氧微生物分解有机质时所需的氧，产生间接增氧作用。

⑤ 饲料添加剂。在相对营养不良的情况下，养殖动物的免疫力下降，有害菌得以发展，容易出现疾病。一般情况下，配合饲料中的活性营养成分较少，饲料系数较高。光合细菌作为优良的饲料添加剂，含有大量的促生长因子和生理活性物质，营养丰富，拌和饲料后，可补充和增加饲料营养成分、降低饲

料系数；刺激动物免疫系统，促进胃肠道内的有益菌生长繁殖，增强消化和抗病能力，促进生长。

(2) 种植业　光合细菌有很强的固氮能力，能够改善土壤的营养结构，肥沃地土壤可作为基肥、追肥。光全细菌在土壤中大量生长繁殖，有利于土壤中有益微生物（如放射线菌）的生长，减少有害菌群（如丝状真菌）引起的病害。

光合细菌在农作物上用于水稻和小麦，有利于根系发育，提高有效分蘖和成穗数；用于蔬菜及花卉等，可提高产量和品质，延长保鲜期；用于浸泡种子，种子发芽率高、生长快、抗病力强；对棉花的枯黄、草莓的根腐病等防治效果显著。

(3) 环保业　生物学污水处理法是指通过微生物酶的作用来分解和合成有机质，其中起主要作用的是细菌。污水中一些可溶性的有机物在胞内酶的作用下被菌体选择性吸收；颗粒、胶体等难溶或不溶性的有机物先附着在菌体外，由菌细胞分泌的胞外酶分解成脂溶性和水溶性物质，再被菌体吸收。通过微生物体内的生化作用，将一部分有机物同化成自身，另一部分被异化成水分子有机物、二氧化碳、水等，从而使污染物质得到降解。

光合细菌兼性厌氧的特性和很强的适应性，使其在污水发酵处理中作用日益突出。例如光合细菌（荚膜红假单胞菌）可将致癌物亚硝胺转化为无毒的化合物，对于生化需氧量

（BOD）高达数千毫克每升的有机废水，用一些生物膜法及活性污泥法等需氧处理法难以耐受，而光合细菌则可以承受，故在处理高浓度有机废水方面有广泛的应用前景。

二、 光合细菌培养条件

1.营养条件

光合细菌细胞体构成元素主要有碳、氢、氧、氮、磷、钾、钠、镁、钙、硫和一些微量元素等，它们也是所有生物细胞构成的主要物质。一般情况下细胞鲜重：水占80%~90%，无机盐占1.0%~1.5%，蛋白质占7%~10%，脂肪占1%~2%，糖类和其他有机物占1%~1.5%。其中干细胞含碳45%~55%、氢5%~10%、氧20%~30%、氮5%~13%、磷3%~5%、其他矿物元素3%~5%。光合细菌的细胞壁具有半透性，能选择性地让一些营养元素按一定比例进入，在酶的作用下合成自己的细胞组织和裂变的新个体。

营养元素全面和搭配合理是营养条件的关键。根据这一要求，选用多种无基原料，科学配方，经特殊加工而成的"光合细菌培养基"基本符合光合细菌生长繁殖所需的营养要求，无毒无副作用，使用安全，固体状结晶体便于包装和运输，而且有2年的保质期。用其生产菌液（每毫升含有30亿~50亿个活菌体），每千克成本不到0.3元，而且现制现用，质量明显优于市场出售的同类产品。

光合细菌培养基是光合细菌生长繁殖所需各种营养元素的组合体。每种原料都能得以充分利用,最大限度地生产高浓度的菌液,因此单位效价的光合细菌菌液生产成本低、质量好,这无论是对于用户、经销商还是厂家都有很大的益处,对在工农业生产中的推广和普及将产生深远的影响。

2.环境条件

有了营养全面的光合细菌培养基,只是给光合细菌提供了"食物",还需要有适宜于光合细菌生长的环境条件才能培养出优质的菌液。环境条件具体有以下几个方面。

(1)培养介质 含菌量较低的清洁淡水、海水或加粗食盐的淡水。从经济、实用的角度考虑,地下水含菌量低,为最佳水源;清洁的地表水也可使用;含氯量较高的自来水应敞口放置两三天或调pH值至偏碱后使用;蒸馏水及纯净水固然很好,但成本太高,可用于提纯菌种。

(2)酸碱度(pH)值 pH值为7.5~8.5最佳(适应范围为6~10)。

(3)水硬度 pH值中性时10度以下。即调节pH值至8.0左右时培养介质中的乳白色沉淀物不宜过多。

(4)温度 25~34℃最佳(适应范围为15~40℃)。

(5)光照度 3 000~4 000勒克斯最佳。即每25千克菌液需用60瓦左右的电灯泡进行光照，当然太阳光最好且无需成本。

(6) 透气性　密闭、敞口皆可培养，密闭效果更好。

(7) 容器　透明或白色容器；大规模培养可用土池、水泥池等，菌液深度30厘米以下为佳。

三、 光合细菌的简易培育方法

自行培育光合细菌的方法非常简单，因而适合用户在普通家庭条件下进行生产培育。首次培育光合细菌的多少主要看我们的菌种有多少，若我们有足够的菌种，则首次即可大量培育，但如果我们的菌种很少或使用量本身不大，则可以使用塑料瓶等小型容器进行小批量培育。我们首先以只有大约1千克菌种为例给大家讲解少量培育的方法。

1.少量光合细菌的培育方法

培育容器：可以选择透明的矿泉水瓶等塑料饮料瓶均可，大小从500毫升到2 500毫升等规格都可以。

补光灯泡：一般普通家用的电灯即可，一般以40~100瓦为宜。

纸箱：在气温低于25℃条件下培育，为了保证培养温度，可以准备一个大纸箱进行保温。高温条件下培育不需要纸箱。

培养液的配制：为了尽量避免感染杂菌，菌种的加入量应不低于20%，我们使用1千克菌种，首次只能培育菌液5千克。培养液的配制比例为：菌种1千克，清洁水4千克，培养基22克。将以上几种原料搅拌均匀即成为合格的光合细菌培养液。

由于一般家庭是很难有准确称量出22克原料的器具，所以我们在此介绍几种简易的分取原料的办法。

(1)大约估计　培养基的加入量并不一定要做到非常精确，我们先将1袋培养基倒入搅拌均匀，利用普通家庭的盘称称出50克的培养基，然后尽可能准确地将其分出一半，其重量就是20多克，用于培养5千克菌液就比较合适。

注意：剩余的培养基要密封保存，防止受潮溶化不好保管。

(2)溶化量取　将一袋培养基 (440克) 倒入塑料容器，加水使其重量达到1千克，搅拌均匀后，按比例称取即可。由于1袋培养基是培育100千克菌液的用量，假入我们首次培育的是5千克菌液，则只需取出1/20的培养基即可，也就是称取50克加水溶化的培养基就正好合适。

注意：称取加水溶化的培养基应先搅拌或摇匀，剩余的培养基应密封保存并于30天内用完为佳。

如果我们有较小的称量器具，能够准确称量当然更好，在称量前应注意将整袋培养基拌匀，以免因原料不均影响培养效果。

培育方法：将搅拌均匀的培养液装入瓶中 (注意不要装得

过满)，盖上瓶盖，放在电灯旁进行光照即开始培育。培育容器距离电灯10~20厘米为最佳，过近容易将塑料瓶烤烫，过远光照度不够，培养时间会增长。低温时培育可以将电灯悬吊在纸箱的中央，四周摆放装有培养液的塑料瓶即可，若箱内温度过高(超过35℃)，应开盖或在纸箱的四周打孔通气降温。经光照培育24小时以后，菌液会变成粉红色，随着培育时间的加长，其颜色会逐步转变成紫红色，这个过程一般需要3~5天。为了加快其生长，最好每天能将培养液摇动一次。

产品检测：培育完成的合格光合细菌的颜色应该是紫红色，开盖能够闻到有一点特殊的臭味。用pH试纸检测，其pH值应该在8以上。

培养海水光合细菌，只需将培育的水源换成海水或每25千克淡水加450克的粗食盐即可。

2.一般批量的培育方法

通过第一次的少量培养，我们已经有了至少5千克菌种，此时就可以培育25千克以上的光合菌液了。

一般家庭培育，每次只培育几十千克，参照前面的方法，多使用几个较大的透明塑料瓶，一次也是完全可以培育几十上百千克的。批量较大的，也可以选用几个或多个能够装25千克或50千克水的白色塑料桶进行培育，这样一次就可以培养几百至上千千克。使用一个电灯泡可以同时给几个桶补光，将装有培养液的桶围成一圈，在圈的中央吊一个100瓦的电灯即可。使用这种方法进行培育的，最好每天将桶内的液体搅动或摇动一下，使液体受光均匀，提高培养速度。气温低于25℃时，应将几个桶连同电灯使用塑料膜罩起来，以起到增加培养温度的目的。

3.大批量的培育方法

对于大批量生产以提供给其他养殖户使用的，可以使用农户贮存青饲料用的"青贮饲料袋"或比较大的桶状塑料袋，挨个放入到临时挖的土坑或水泥池中，装好培养液后扎紧袋口，利用太阳光即可自然培育。

需要注意的是：袋内的液体深度不要超过40厘米，夏天光照强烈时要注意检查液体温度，若达到35℃时应及时采用遮阳网进行遮阴。使用这种培育方法，一般也可以在10天左右培育完成，若想加快培养速度，也可在晚上和阳光不足时点灯来增加光照。使用这样的培育方法一般每次可以培育生产几吨至数十吨的光合细菌菌液。

4.培养过程中菌液可能出现的问题及解决办法

（1）生产的菌液颜色偏淡　①原因：接种量过少，菌种老化、杂菌过多；pH值过低或过高；光照不足，温度过低或过高；水的硬度过高；②解决办法：调节至正常状态。

（2）生产的菌液颜色变黑　①原因：在气温较高的季节，刚培养好的菌液因长时间失去光照；②解决办法：及时将其移到光照下进行补光，可以很快变红。

（3）生产的菌液颜色变绿　①可能是菌液中绿硫菌大量繁殖，多见于高温季节；②解决办法：连续多次密闭培养，或更换菌种和水源。

（4）生产的菌液颜色变灰　①原因：接种量少，菌种不纯，光照不足，pH值过低；②解决办法：选用优质菌种，按要求接种，增强光照，调适pH值。

四、光合细菌的保存

光合细菌生长繁殖除营养条件外，还与光照和温度有关。温度适宜，即使光照不足，也会生长，只是速度缓慢；温度较低，即使光照充足，也很难生长甚至停止生长；温度过高，则会老化而死。因此，保存菌液，温度是关键。

据此，成品菌液应存放在温度较低的地方，15℃以下为最佳，并保持一定的光照（每天不低于2小时），这是因为光合细菌在营养、光照、温度都适宜的情况下，形成一定速度的生长态势，即"生长惯性"，处在生长高峰期的光合细菌生长惯性很强，此时如果突然失去光照或光照很弱，5~10天后会出现生长旺盛的光合细菌因光合作用失衡而导致菌体细胞大量死亡，使菌液发黑，并有恶臭。刚开始发黑时，施以适当光照即能缓解。因此，刚培养好的菌液应尽量降温，逐步减少光照，以减弱生长惯性。到了生长惯性很弱或没有的时候，光合细菌就进入了稳定期（保存期），此时阴凉避光保存会延长保存期（6个月）。

用户在生产过程中，对菌液的保存通常无需作特别处理。气温高的季节在阳光下培养，成熟的菌液仍置于阳光下，不必避光，保存期2~4个月，在此期间可反复培养续种，秋天气温下降后，培养好一批菌液过冬，冰冻前移至室内避光保存，保存期8~12个月。

总之，保存期的长短主要取决于温度的高低，温度越低，保存期越长，反之越短。在夏季高温季节，若暂时不使用，要保存菌种，最好在菌种保存期达到3个月时将其进行少量的培育，再将培育的菌液进行保存，或将少量菌液放入冰箱保鲜室进行长期保种。

五、　光合细菌菌种的简易提纯

"鳝宝"光合细菌培养基是不含任何有机质的纯无基配方，绝大多数细菌都不可能在此培养基中生长，但由于光合细菌的菌体富含蛋白质，死亡的菌体也可以给一些杂菌提供生存发展的机会，因此使用本方法培育光合细菌，只是尽最大可能避免杂菌的入侵，若操作不当，也有感染杂菌的可能。如果你的菌种通过多代培育，感觉培育生长速度明显不如以前，可以参考下面的方法进行菌种提纯，或更换新的菌种。

1.通过调整pH值去除杂菌

光合细菌适宜的pH值在8.0左右，在pH值为9~10的高碱度情况下仍能生长，而一般杂菌适宜的pH值在7.2~7.6左右。若把菌液的pH值调节至9.0，杂菌难以耐受甚至死亡，而光合细菌则可以承受并能生长。这样可筛除一部分杂菌。

2.选用优质菌种

细菌的生长繁殖一般按倍数的规律增长。假设菌种内的杂菌含量较高，培养几次后，它们在菌液中的比例不会减小，有些杂菌的生长速度较光合细菌快，比例可能还会增大。老化的光合细菌活性较差，菌液内的有害代谢物质较多。因此，菌种应选用浓度高、活性强、杂菌少的鲜紫红色的菌液。

3.加大接种量来抑制杂菌

大规模生产过程中，由于水源、容器及空气中的杂菌是不可排除的，因而应加大接种量使光合细菌占绝对优势，这样才能培养出高质量的菌液。光合细菌含量高了，还能释放抑菌酵素，抑制一些杂菌的生长。

究竟多大接种量为好呢，实践证明，正常的接种量应不低于1:4，即菌种1份（30亿级），培养液4份；培养液不调pH值和提纯菌种时，其接种量应不低于1:1，即菌种和培养液各一份，这样，培养周期短、质量好，缺点是保种量多。

4.通过好氧培养抑制杂菌

将菌液用增氧机砂头充氧曝气，培养2天即可有效抑制一些厌氧菌的生长。

5.通过厌氧培养抑制杂菌

将菌液装入透明密封容器内进行培养，可有效抑制一些好氧菌的生长。

以上几种方法的综合运用，可将光合菌菌液适当提纯，反复接种，从而使不具备专业知识的用户自己也可以生产出优质菌液。当然一般简易的提纯，可以使用第一种方法，不一定要综合使用所有的方法。

六、光合细菌的使用剂量、方法及注意事项

光合细菌对各类养殖动物及农作物都有益。表现在成活率高、个体大、免疫力强等方面，特别在育苗阶段效果更明显。

1.使用剂量（30亿级）

（1）育苗　鱼苗培育：一般施用浓度为$100\times10^{-6}\sim200\times10^{-6}$（$1\times10^{-6}$表示1立方米水体用1克）。常规鱼苗$100\times10^{-6}$，虾蟹苗

$150\times10^{-6}\sim200\times10^{-6}$，贝苗浓度为$180\times10^{-6}\sim200\times10^{-6}$，使用周期为5~10天。

(2) 成鱼　首次施用浓度为10×10^{-6} (即水深1米每亩约用7千克)，以后浓度为每次5×10^{-6} (即水深1米每亩约4千克)，周期为10~15天。如常规鱼、虾、蟹、珠蚌、鳗等。

(3) 饲料添加　鱼苗为5%，成鱼为3%，禽畜为3%~5%，现拌现喂，喂水添加3%。

(4) 种植业　水稻、小麦：每次亩用5千克叶面喷施。在水稻秧苗期、孕穗期各用1次；在小麦冬肥、拔节期各用1次。

油菜：基肥每亩用15千克浇根。窜苔前每亩用15千克叶面喷施。

瓜果类蔬菜：每次每亩用10千克，在幼苗期适量稀释浇根1次，在现蕾期喷施1次。

叶菜类蔬菜：每次每亩用20千克，生长期浇根或叶面喷施，7天用1次。

花卉：移栽后每亩用40千克浇根。在生长期每次亩用20千克喷施，每15天1次。

茶树：播种基肥每亩用80千克。施冬肥每亩用40千克浇根。萌发期前每亩用20千克浇根。在叶片生长期每亩用15千克喷施，每15天1次。

果树：施冬肥每亩用40千克浇根。新叶长成后每亩用20千克叶面喷施。

（5）环保 污水处理用量：浓度为$200×10^{-6}$～$1\,000×10^{-6}$。

2.使用方法

①将光合细菌菌液稀释20～30倍全池均匀泼洒。

②将菌液用沸石粉吸附或拌和细土以后撒入池中。

③将菌液拌和饲料后投喂。

④将菌液稀释10倍后浸泡鱼种。

⑤拌种、浇根、叶面喷施。

3.注意事项

①不可与消毒杀菌剂混合使用，水体消毒须1周后方可使用。

②使用前将菌液光照10小时以上使用效果更好。

③晴天水温20℃以上时使用效果较好。

④拌入的饲料应于当天投喂完毕。

⑤应灵活掌握用量和使用的连续性，因为光合细菌在水体中只有形成优势群落后才能发挥最大的作用。

⑥水体呈碱性时施用效果最好。酸性水体易使鱼类生病，应常用生石灰或烧碱调节pH值至中性或偏碱程度。

⑦光合细菌菌液不能用金属器皿贮存。

⑧培育鱼苗时，在苗种入池前7天全池泼洒，以利于浮游生物生长。

⑨在植物萌发期施用效果最好。

泥鳅小苗优质饵料——水蚯蚓的培育

　　黄鳝小苗在捞出后进行培育时，一般前5~7天基本以吃食水中的浮游生物为主，此时也可人工投喂鸡蛋黄。在第7~15天，主要以采食水蚯蚓为主，虽然黄鳝小苗吃食水蚯蚓的数量很少，但在鳝苗培育中是不可缺少的。2008年夏天，我们利用水蚯蚓投喂卵黄囊刚消失的黄鳝苗，经过60天的饲养，鳝苗的平均体长达到了11.9厘米，最长的达到12.8厘米，最小个体体长10.4厘米，且成活率也达到99%以上，高于使用蚯蚓浆和配合饲料。同时，水蚯蚓也是培育泥鳅苗，鳗鱼苗等鱼苗的优质饵料。一般水温达到18℃以上的季节，各地水流较缓、水质较肥的水域大都会有大量的水蚯蚓。捕捞水蚯蚓上市销售给鱼苗培育户或观赏鱼养殖者已经成为不少地方的发财致富门路。对于当地野生水蚯蚓比较少的地方，也有不少养殖者通过自行开展养殖来供自己使用或对外出售。

1.水蚯蚓的生物学特性

水蚯蚓又称水丝蚓，有的地方称之为"红虫"或"红线虫"。其营养全面，干品含粗蛋白达62%，多种必需氨基酸含量达35%，是饲养多种水生动物的理想饵料。水蚯蚓属环节动物中水生寡毛类，体色鲜红或青灰色。水蚯蚓一般较陆生蚯蚓小，终生生活在有微流水、多腐烂有机物的水底淤泥中。城镇居民生活区的排水沟、屠宰场、皮革厂、制糖厂、食品厂等废水流经处特别丰富。自然状况下，其前端钻入水土中，后端伸出到土壤表面轻微的摆动。当水中溶氧下降时，摆动次数增加。一旦受到惊吓，则全部缩入土中。

水蚯蚓比较喜欢溶氧充足的水源，一旦出现缺氧现象，便会钻出泥土缠绕成团。很多捕捉者正是利用水蚯蚓的这一特性来开展捕捉的。

水蚯蚓属喜温种类，25~28℃为最适温度。在我国南方地区，周年均可繁殖。水蚯蚓的繁殖速度惊人，繁殖方式与陆生蚯蚓相似，成熟的个体将卵茧产在泥土中。一般经7~10天可孵出幼蚓，从幼蚓到成蚓只需20~30天。在人工养殖条件下，高峰期每平方米的日出产量可达50克左右。在水蚯蚓的种族中，也有个别种类 (如指鳃尾盘虫) 可进行出芽生殖，芽体断裂后长成新的个体。其再生能力强，截断的个体也能发育为完整个体。

2.养殖前的准备

(1) 养殖种类的选取　水蚯蚓在我国分布比较广泛。由于品种的特性和生态条件的差异，往往在不同地方形成不同的优势种群。适合的养殖种类为正颤蚓、深栖水丝蚓、指鳃尾盘虫、苏氏尾鳃蚓等。在有的地区，同时生长着略有差异的多个水蚯蚓品种，但我们可仔细观察对比，一般在当地生长最多，分布最广的种群，通常就是最好的种群，我们便可将其收集用作人工饲养。当地没有水蚯蚓种的，可考虑从产区引种培育。在野外寻找水蚯蚓的方法为：寻找有微流水，比较阴凉的水沟，若沟内有肥泥，则一般都有水蚯蚓生活。仔细观察水中泥土的表面，当我们发现有许多细如丝线体色鲜红并在泥土表面伸头摆动的，那就应该是水蚯蚓了。

(2) 饲养池的准备　蚓池应建在水源充足的地方，一般呈长方形，长3~5米，宽1.0~1.2米，深0.2~0.5米。用砖或条石建砌。池底和四壁用水泥沙浆抹平，防漏，池底应有一定的倾斜度。较高的一端设进水口，低的一端设出水口 (均可用水管代替)，在进水管的出水口处安上开关。出水口处设置栏栅或过滤装置，以防水蚯蚓跑出池外。池上可搭棚架，种植藤蔓类植物或搭盖遮阳网，在夏季高温时遮挡阳光的照射。

(3) 培养基和饵料　培养基是为水蚯蚓的生活、生长和繁殖创造良好的环境而设置的。成分为极肥的池塘、水沟底部的淤泥，禁用黄泥和石谷子土，掺和部分腐烂的植物稿秆、树叶、糖厂的蔗渣（应碎）、酒糟或腐熟的蚯蚓饵料等松软物质。将淤泥放在疏松的培养料上，总厚度为10~15厘米。水蚯蚓的食物与陆生蚯蚓没多少差别，但为了获得更多的产品，在4—10月生长期中，饵料可以精料为主，如麸皮、次粉、玉米粉。其余月份可用牛粪、猪粪或蚯蚓粪作为饵料。不论哪一种饵料，均应先发酵后投饲。精料发酵时间随温度高低而变化，室温20℃需20~24小时，温度低时可用热水湿润，以手握成团，有微量的水被挤出为度。然后装入缸或桶内（有条件的可以拌加适量的EM液），表面稍压实，用塑料布盖严。发酵后有酒糟味的饵料为合格。牲畜和家禽粪便的发酵方法与陆生蚯蚓相同，产品要求无恶臭，质地松散，不黏滞。

3.水蚯蚓的养殖及管理

（1）引种及投饵 新建蚓池因使用了大量水泥，应晾晒或用水浸泡1周左右，用水冲洗。放入基料后，加水淹没2~3天。从野外引种水蚯蚓的方法是：将我们发现有水蚯蚓生长的水沟，暂时阻断水流，水蚯蚓便会钻出泥土，在水中抱拥成团，此时用小抄网将其带泥捞入桶中即可。引种前一天按每平方米投150~200克发酵后精料。若在当地采集种源，不必将蚯蚓体洗净，因为采集地的泥土里有许多幼蚓和蚓茧，同时也减少了对蚯蚓的损伤，在计算引种量时应扣除泥沙部分。一般按每平方米500~1 000克接种。接种时先放少量水蚯蚓在培养基上，若无不良反应，水蚯蚓会很快钻入培养基中，这时方可大面积接种。若本地有两种以上的优势种类，应分池饲养。

投饵前先切断水源，以免水流带走饵料。精料采用手撒方法，均匀地撒在水面上，因饵料发酵后有一定的湿度，会自然沉入水底。切忌图方便，成团地将饵料投放在培养基上。粪肥饵料应先放入桶中加水搅拌，滤出粗渣，采用瓢泼方式。投饵次数在生长旺季每天1次，其余时间3~4天1次。冬季保种阶段可半月1次。我国南北温差大，各地小气候有所不同，应掌握在20~25℃为最适生长期。投饵量粪肥可按池中估计水蚯蚓重量的5%~10%，精料（麸皮、玉米粉混合料）按1%~3%计算。

（2）水及溶解氧　水质的要求是严禁使用施过农药的田水、鱼池消毒的池塘水、工厂流出的有害废水。而一些不含有毒物质的生活污水，如屠宰场、食品厂流出的含有机物多的废水对水蚯蚓的生长有利，还可减少饵料的投入，有条件的可以引用。没有肥水来源的，可以直接使用养黄鳝的水。培养池水量应调整在水深3~10厘米（伏天和冬季可适当加深），并保持长期的微流水。水流量的大小以表面能看见水的缓缓流动为好。水流太大会冲走部分饵料，而太小又不能带走蚯蚓和池中微生物在生活过程中产生的废物，造成溶氧缺乏，产生窒息现象。缺氧的标志是水蚯蚓爬出培养基，成团地浮在土面上。这时应加大水的流量，使缺氧现象解除，蚯蚓重新钻入培养基中。

（3）擂池 由于养殖一段时间后，培养基会产生板结，其中的代谢废物不易排出，恶化水蚯蚓的生存环境。另外，饲养池极肥，使得一些杂草、浮萍、丝状藻类逐渐蔓延，消耗养料。所以在生长旺季需每4~5天将全池搅动1次。方法是用木制的钉耙，一侧带有木或竹制的齿，齿的长度略超过培养基的深度。操作时将齿插入培养基中，缓慢的向前或向后移动，达到搅动的目的。不平整的地方用耙的另一侧荡平，以利水的平稳流动。采收季节，擂池应安排在采收后进行。

（4）敌害 主要是小杂鱼、泥鳅、黄鳝等。应防止这些敌害进入水蚯蚓养殖池。一些家禽、水鸟喜食水蚯蚓，也应想法防除。

（5）采收 主要是利用水体中缺氧时，水蚯蚓会自动爬出培养基，成团漂浮在土面上的习性，人为断水，造成缺氧条件。当蚯蚓大量成团时，用聚乙烯网布或筛绢布做成的小抄网捞取，也可用手直接抓取。必须注意：断水时间因温度和种群密度不同，温度高，密度大，断水时间应短，以免缺氧太久造成全池死亡，采收后应立即加入新水。

采收的蚓团往往带有泥浆和杂质。泥浆可用淘洗的方法除去。去杂质的方法是：将蚯蚓集中装入桶或盆内、荡平，加水5~10厘米盖严遮光，静置。静置的时间根据温度的高低灵活掌握,一般几分钟后,水蚯蚓会到表面成团,将其抓入另外的盆中,用纱布包裹进行淘洗后即可使用。由于一次可能抓取不完,若数量较多,可重复2~3次。最后的残渣中必然会有大量的蚓茧和少量的蚯蚓,应放回池中继续培养。

对于在野外收集的水蚯蚓,可以使用几个水盆,按呈梯状摆放,往最上面的盆中慢慢放水,让盆中的水溢出到下面的盆中,这样便可以在几个盆中存放水蚯蚓了。要用时直接在盆中取出即可。也可以用几块砖做成阶梯状的小池,在上面的小池中用小塑料管微微加水,让其从上往下形成微流水,便可以存放水蚯蚓了。

附录 5

淡水养殖用水水质标准

1 范围

本标准规定了淡水养殖用水水质要求、测定方法、检验规则和结果判定。

本标准适用于淡水养殖用水。

2 规范性引用文件

下列文件中的条款通过本标准的引用而成为本标准的条款。凡是注日期的引用文件，其随后所有的修改单 (不包括勘误的内容) 或修订版均不适用于本标准，然而鼓励根据本标准达成协议的各方是否可使用这些文件的最新版本。凡是不注日期的引用文件，其最新版本适用于本标准。

GB/T 5750 生活饮用水标准检验法

GB/T 7466 水质 总铬的测定

GB/T 7468 水质 总汞的测定 冷原子吸收分光光度法

GB/T 7469 水质 总汞的测定 高锰酸钾-过硫酸钾消解

法　双硫腙分光光度法

GB/T 7470　水质　铅的测定　双硫腙分光光度法

GB/T 7471　水质　镉的测定　双硫腙分光光度法

GB/T 7472　水质　锌的测定　双硫腙分光光度法

GB/T 7473　水质　铜的测定　2，9-二甲基-1，10-菲罗啉分光光度法

GB/T 7474　水质　铜的测定　二乙基二硫代氨基甲酸钠分光光度法

GB/T 7475　水质　铜、锌、铅、镉的测定　原子吸收分光光度法

GB/T 7482　水质　氟化物的测定　茜素磺酸锆目视比色法

GB/T 7483　水质　氟化物的测定　氟试剂分光光度法

GB/T 7484　水质　氟化物的测定　离子选择电极法

GB/T 7485　水质　总砷的测定　二乙基二硫代氨基甲酸银分光光度法

GB/T 7490　水质　挥发酚的测定　蒸馏后4-氨基安替比林分光光度法

GB/T 7491　水质　挥发酚的测定　蒸馏后溴化容量法

GB/T 7492　水质　六六六、滴滴涕的测定　气相色谱法

GB/T 8538　饮用天然矿泉水检验方法

GB 11607　渔业水质标准

GB/T 12997　水质　采样方案设计技术规定

GB/T 12998　水质　采样技术指导

GB/T 12999　水质　采样样品的保存和管理技术规定

GB/T 13192　水质　有机磷农药的测定　气相色谱法

GB/T 16488　水质　石油类和动植物油的测定　红外光度法

水和废水监测分析方法

3　要求

3.1　淡水养殖水源应符合GB 11607规定。

3.2　淡水养殖用水水质应符合表1要求。

表1　淡水养殖用水水质要求

序号	项目	标准值
1	色、臭、味	不得使养殖水体带有异色、异臭、异味
2	总大肠菌群,个/升	≤5 000
3	汞,毫克/升	≤0.000 5
4	镉,毫克/升	≤0.005
5	铅,毫克/升	≤0.05
6	铬,毫克/升	≤0.1
7	铜,毫克/升	≤0.01
8	锌,毫克/升	≤0.1
9	砷,毫克/升	≤0.05
10	氟化物,毫克/升	≤1
11	石油类,毫克/升	≤0.05
12	挥发性酚,毫克/升	≤0.005
13	甲基对硫磷,毫克/升	≤0.000 5
14	马拉硫磷,毫克/升	≤0.005
15	乐果,毫克/升	≤0.1
16	六六六(丙体),毫克/升	≤0.002
17	滴滴涕,毫克/升	≤0.001

4 测定方法

淡水养殖用水水质测定方法见表2。

表 2 淡水养殖用水水质测定方法

序号	项目	测定方法		测试方法 标准编号	检测下限 /毫克·升$^{-1}$
1	色、臭、味	感官法		GB/T 5750	–
2	总大肠菌群	(1)多管发酵法		GB/T 5750	–
		(2)滤膜法			
3	汞	(1)原子荧光光度法		GB/T 8538	0.000 05
		(2)冷原子吸收分光光度法		GB/T 7468	0.000 05
		(3)高锰酸钾-过硫酸钾 消解 双硫腙分光光度法 GB/T 7469			0.002
4	镉	(1)原子吸收分光光度法		GB/T 7475	0.001
		(2)双硫腙分光光度法		GB/T 7471	0.001
5	铅	(1)原子吸收 分光光度法	螯合萃取法	GB/T 7475	0.01
			直接法		0.2
		(2)双硫腙分光光度法		GB/T 7470	0.01
6	铬	二苯碳二肼分光光度法(高 锰酸盐氧化法)		GB/T 7466	0.004
7	砷	(1)原子荧光光度法		GB/T 8538	0.000 4
		(2)二乙基二硫代氨基甲酸 银分光光度法		GB/T 7485	0.007
8	铜	(1)原子吸收 分光光度法	螯合萃取法	GB/T 7475	0.001
			直接法		0.05
		(2)二乙基二硫代氨基甲酸 钠分光光度法		GB/T7474	0.010
		(3)2,9-二甲基-1,10-菲 罗啉分光光度法		GB/T7473	0.06

续表

序号	项目	测定方法	测试方法标准编号	检测下限/毫克·升$^{-1}$
9	锌	(1)原子吸收分光光度法	GB/T 7475	0.05
		(2)双硫腙分光光度法	GB/T 7472	0.005
10	氧化物	(1)茜素磺酸锆目视比色法	GB/T 7483	0.05
		(2)氟试剂分光光度法	GB/T 7484	0.05
		(3)离子选择电极法	GB/T 7482	0.05
11	石油类	(1)红外分光光度法	GB/T 16488	0.01
		(2)非分散红外光度法		0.02
		(3)紫外分光光度法	《水和废水监测分析方法》(国家环保局)	0.05
12	挥发酚	(1)蒸馏后4-氨基安替比林分光光度法	GB/T 7490	0.002
		(2)蒸馏后溴化容量法	GB/T 7491	–
13	甲基对硫磷	气相色谱法	GB/T 13192	0.000 42
14	马拉硫磷	气相色谱法	GB/T13192	0.000 64
15	乐果	气相色谱法	GB/T 13192	0.000 57
16	六六六	气相色谱法	GB/T 7492	0.000 04
17	滴滴涕	气相色谱法	GB/T 7492	0.000 2

　　注:对同一项目有两个或两个以上测定方法的,当对测定结果有异议时,方法(1)为仲裁测定执行。

5　检验规则

检测样品的采集、贮存、运输和处理按GB/T 12997、GB/T 12998和GB/T 12999的规定执行。

6　结果判定

本标准采用单项判定法，所列指标单项超标，判定为不合格。

部分泥鳅苗种繁育基地简介

1.四川简阳市大众养殖公司示范基地

基地总面积为53亩，其中种鳅培育和鳅苗繁殖面积为11亩，建有加温繁殖大棚150平方米，具备年繁殖泥鳅小苗5 000万尾的繁殖能力。

基地地址：四川省简阳市东溪镇尖山村

联系电话：028-27675775　028-27675776

2.湖北仙桃市大众生态养殖公司示范基地

基地面积为18亩，其中种鳅培育和鳅苗繁殖面积为6亩，具备年繁育泥鳅小苗2 000万尾的繁殖能力。

基地地址：湖北省仙桃市张沟镇三同村

联系电话：0728-2722123　15871919371

3.江西高安市大众生态养殖场

基地面积为30亩，其中种鳅培育和鳅苗繁殖面积为8亩，具备年繁育泥鳅小苗3 000万尾的繁殖能力。

基地地址：江西省高安市大城镇鼓楼村

联系电话：0795-5791071　15070520800

4.湖南衡阳市衡南大众生态养殖场

基地面积为130亩，其中种鳅培育和鳅苗繁殖面积为5亩，具备年繁育泥鳅小苗2 000万尾的繁殖能力。

基地地址：湖南省衡阳市衡南县硫市镇栗木村

联系电话：0734-8956016　15073499363

5.浙江湖州市长兴大诚生态养殖场

基地面积为56亩，其中种鳅培育和鳅苗繁殖面积为5亩，具备年繁育泥鳅小苗2 000万尾的繁殖能力。

基地地址：浙江省湖州市长兴县虹星桥镇龙从村

联系电话：0572-6902180　13511213088

鳅病防治常用药物介绍

据有关资料统计，目前我国人工养殖的泥鳅有大约40%供应出口市场。由于养殖产品的出口检验比较严格，为了共同维护好泥鳅的销售市场，希望大家在养殖中一定按照相关的养殖规范选用安全无污染和低残留的药物来防治泥鳅的疾病。为了帮助大家正确选用新型渔药开展泥鳅的无公害养殖，我们特将通过国家兽药GMP验收的大型渔药生产企业——成都三阳科技实业有限公司生产的渔用药物择要介绍如下。

1.鳝宝水霉灵

通用名：五倍子末。主要成分：五倍子。

(1) 性状　本品为灰褐色或者棕色粉末。

(2) 适应症　用于防治鳝鱼、泥鳅、海水鱼、淡水鱼、虾、蟹、鳖、龟、蚌、蛙等由水霉菌 (体表可见绵毛状菌丝)、鳃霉以及虾蟹和育珠蚌等的水霉病、鳃霉病、镰刀菌 (黑鳃) 病等真菌性疾病。

(3) 用法与用量　兑水泼洒，每亩 (水深1米) 用50克；浸浴，每1立方米水用本品3~5克，浸25~30分钟。

(4) 注意事项　①流水、网箱养殖等因水流动，请酌情加量；②防治水霉病、鳃霉病时，若病情严重，可酌情加量和增加次数。

2.鳝宝益碘

通用名：聚维酮碘溶液。主要成分及化学名称：聚维酮碘，1-乙烯酸-2-吡咯烷酮均聚物与碘的复合物。

(1) 性状　红棕色液体。

(2) 适应症　对细菌及芽孢、病菌、真菌都有杀灭作用，对纤毛虫和不良藻类有清除作用。用于患有以下疾病的水生动物养殖池塘消毒灭菌：①鱼类 (黄鳝、淡水鱼、海水鱼等) 出血、烂鳃、烂身、肠炎 (肛门红肿)、赤皮、打印竖鳞、痘疮、白头白嘴病；②虾类红腿、红体 (桃拉病毒)、白斑、褐斑、烂眼、烂鳃、肠炎、断须、荧光、甲壳附肢溃疡、中肠白浊、肝胰腺坏死等；③蟹不下水症、蟹抖病；④鳖、龟红脖子病、白 (红) 底板病、腐皮和烂甲病；⑤蛙的红腿、腹水、脱肛、出血、烂皮病；⑥珍珠蚌、贝类烂斧足、水肿等细菌、病毒性疾病。

（3）用法与用量　将药液稀释数百倍以上，全池均匀泼洒。预防：每亩（水深1米）施用本品100~150毫升，兑水泼洒，连用3天。治疗：每亩（水深1米）施用本品200~300毫升，兑水泼洒，连用3天。防治黄鳝、泥鳅疾病按2毫升/米³水全池泼洒。

（4）注意事项　①水体缺氧时禁用；②勿用金属容器盛装；③勿与强碱物质及重金属物质混用；④冷水鱼类慎用。

3.鳝宝血炎康

通用名：清热散。主要成分：大青叶、板蓝根、石膏、大黄、玄明粉。

（1）性状　本品为黄色的粉末；味苦、微涩。

（（2）功能与主治　清热解毒，泻火通便。用于防治黄鳝等鱼类出血病、腐皮（赤皮）、烂尾等病毒性疾病。

（3）用法与用量　拌药饵投喂。治疗：1千克饲料用本品6.0~8.0克，连用7天；预防：每1千克饲料用本品4.0克，连用1~2天。

（4）注意事项　拌饵均匀投喂。

4.鳝宝维生素C

通用名：维生素C粉。

（1）性状　本品为白色或微黄色结晶性粉末，无臭。

（2）适应症　用于预防和治疗水产动物的维生素C缺乏症

等。促进动物对胆固醇和脂肪酸的充分利用，提高动物的抗病能力。

（3）用法与用量　拌饵投喂，每1千克体重，泥鳅、黄鳝用3.5~7.5毫克（相当于每1千克饲料用本品0.7~1.5克）；虾、蟹7.5~15毫克（相当于1千克饲料添加1.5~3克）；龟、鳖、蛙7.5~10毫克（相当于1千克饲料添加1.5~2克）。

5.鳝宝肠炎灵

通用名：青莲散　主要成分：鱼腥草、大青叶、穿心莲、黄柏。

（1）性状　本品为灰白色或灰绿色粉末；气微香，味微苦。

（2）作用与用途　本品为氯霉素、甲砜霉素首选替代产品，作用效果是氯霉素10~20倍，具有广谱、高效、杀菌快速的特点。对革兰氏阴性菌，如嗜水气单胞菌、阴性弧菌、假单胞菌、柱状屈扰杆菌、爱德华氏菌作用较强；对部分革兰氏阳性菌也有很好的作用。主要用于防治黄鳝、泥鳅等水体动物的肠炎及其他体内外发炎、充血症状。

（3）用法与用量　①拌饵内服。一般按每千克饵料拌入本品1~3克进行投喂，连续投喂3天；②药浴。对体表出现溃烂等发炎症状，可按每立方米水加入本品5克浸泡24小时。

6.鳝宝转安康

主要成分：维生素C、免疫多糖、抗应激活性物质、表面活性增效剂。

(1) 性状　白色或类白色粉末。

(2) 作用与用途　预防黄鳝、泥鳅等水产动物在运输、转池、天气突变等情况下出现暴发性疾病。病害流行季节经常使用本品，可有效提高养殖动物对疾病的抵抗能力，减少疾病发生。

(3) 用法与用量　兑水全池泼洒或浸泡。①在运输过程中，按每立方米水5克加入本品，可显著提高运输成活率；②投放入池前，按每立方米水加入本品10克浸泡10分钟以上，可有效防止鱼苗出现不良反应；③入池初期配合使用消毒药物连续兑水泼洒3天，用量为每立方米水0.5克；④养殖中遇上天气突变或疾病流行，每立方米水用本品0.3~0.5克兑水全池泼洒，连续3天；⑤起捕前按每立方米水用本品0.3~0.5克兑水全池泼洒，连续3天，可以有效提高运输成活率。

以上药物均由成都三阳科技实业有限公司生产，该公司生产的"鳝宝"系列药物在全国各地设有大量的销售点，养殖者可以就近购买使用。对于当地暂无销售点的养殖者，可以直接和四川简阳市大众养殖公司联系邮购。

大众养殖公司的地址：四川省简阳市雄州大道B区62号邮编：641400

联系电话：028-27675775、028-27675776　传真号码：028-27092186

海洋出版社水产养殖类图书目录

书名	作者
水产养殖新技术推广指导用书	
黄鳝、泥鳅高效生态养殖新技术	马达文 主编
翘嘴鲌高效生态养殖新技术	马达文　王卫民 主编
斑点叉鲴尾高效生态养殖新技术	马达文 主编
鳗鲡高效生态养殖新技术	王奇欣 主编
淡水珍珠高效生态养殖新技术	李应森　李家乐 主编
鲟鱼高效生态养殖新技术	杨德国 主编
乌鳢高效生态养殖新技术	肖光明 主编
河蟹高效生态养殖新技术	周　刚 主编
青虾高效生态养殖新技术	龚培培 主编
淡水小龙虾高效生态养殖新技术	唐建清 主编
海水蟹高效生态养殖新技术	归从时 主编
南美白对虾高效生态养殖新技术	李卓佳 主编
日本对虾高效生态养殖新技术	翁　雄　宋盛宪　何建国等 编著
扇贝高效生态养殖新技术	杨爱国　王春生　林建国 编著
水产养殖系列丛书	
黄鳝养殖致富新技术与实例	王太新 著
泥鳅养殖致富新技术与实例	王太新 编著
淡水小龙虾(克氏原螯虾)健康养殖实用新技术	梁宗林　孙　骥　陈士海 编著
罗非鱼健康养殖实用新技术	朱华平　卢迈新　黄樟翰 编著
河蟹健康养殖实用新技术	郑忠明 李晓东 陆开宏 等 编著
黄颡鱼健康养殖实用新技术	刘寒文　雷传松 编著
香鱼健康养殖实用新技术	李明云 著
优良龟类健康养殖大全	王育锋 主编
淡水优良新品种健康养殖大全	付佩胜　轩子群　刘　芳等 编著
中华鳖健康养殖实用新技术	轩子群　马汝芳　林玉霞等 编著

书名	作者
鲍健康养殖实用新技术	李 霞 王 琦 刘明清 岳 昊 编著
鲑鳟、鲟鱼健康养殖实用新技术	毛洪顺 主编
金鲳鱼(卵形鲳鲹)工厂化育苗与规模化快速养殖技术	古群红 宋盛宪 梁国平 编著
刺参健康增养殖实用新技术	常亚青 于金海 马悦欣 编著
对虾健康养殖实用新技术	宋盛宪 李色东 翁 雄等 编著
半滑舌鳎健康养殖实用新技术	田相利 张美昭 张志勇等 编著
海参健康养殖技术(第2版)	于东祥 孙慧玲 陈四清等 编著
海水工厂化高效养殖体系构建工程技术	曲克明 杜守恩 编著
饲料用虫养殖新技术与高效应用实例	王太新 编著
龟鳖高效养殖技术图解与实例	章 剑 著
石蛙高效养殖新技术与实例	徐鹏飞 叶再圆 编著
泥鳅高效养殖技术图解与实例	王太新 编著
黄鳝高效养殖技术图解与实例	王太新 著
淡水小龙虾高效养殖技术图解与实例	陈昌福 陈萱 编著
图说鳗鲡疾病防治	林天龙 龚 晖 主编
图说斑点叉尾鮰疾病防治	汪开毓 肖 丹 主编
龟鳖病害防治黄金手册	章 剑 王保良 著
海水养殖鱼类疾病与防治手册	战文斌 绳秀珍 编著
淡水养殖鱼类疾病与防治手册	陈昌福 陈 萱 编著
对虾健康养殖问答(第2版)	徐实怀 宋盛宪 编著
河蟹高效生态养殖问答与图解	李应森 王 武 编著
王太新黄鳝养殖100问	王太新 著

海洋出版社发行部电话:010-62132549

海洋出版社邮购部电话:010-68038093